PONY
四季美妆物语

韩妆小天后PONY教你学化妆

广西科学技术出版社

著作权合同登记号　桂图登字：20-2010-323号

Copyright © 2010，Park Hye-min(朴惠敏)，E-public

Simplified Chinese edition © Guangxi Science & Technology Publishing House All rights reserved.

This Simplified Chinese edition was published by arrangement with E-public through Imprima Korea

Agency and Qiantaiyang Cultural Development (Beijing) Co., Ltd.

图书在版编目（CIP）数据

PONY四季美妆物语/（韩）朴惠敏著；王纪实译. 一南宁：广西科学技术出版社，2012.1 (2017.3

ISBN 978-7-80763-611-3

Ⅰ . ①P… Ⅱ . ①朴…②王… Ⅲ . ①女性-化妆 - 基本知识 Ⅳ . ①TS974.1

中国版本图书馆CIP数据核字（2011）第191306号

PONY SIJI MEIZHUANG WUYU
PONY四季美妆物语

作　　者：［韩］朴惠敏　　　　　　　　译　者：王纪实
责任编辑：陈恒达　刘　洋　　　　　　　责任校对：曾高兴　田　芳
责任印制：林　斌　　　　　　　　　　　装帧设计：古涧文化·任熙

出 版 人：卢培钊　　　　　　　　　　　出版发行：广西科学技术出版社
社　　址：广西南宁市东葛路66号　　　　邮政编码：530022
电　　话：010-53202557（北京）　　　　0771-5845660（南宁）
传　　真：010-53202554（北京）　　　　0771-5878485（南宁）
网　　址：http://www.ygxm.cn　　　　　在线阅读：http://www.ygxm.cn

经　　销：全国各地新华书店
印　　刷：北京市雅迪彩色印刷有限公司
地　　址：北京市朝阳区黑庄户万子营东　　邮政编码：100121
开　　本：710mm×980mm　　　1/16
字　　数：150 千字　　　　　　　　　　印　张：10.5
版　　次：2012年1月第1版　　　　　　　印　次：2017年3月第14次印刷
书　　号：ISBN 978-7-80763-611-3/TS·11
定　　价：38.00元（附DVD）

版权所有　侵权必究

　　质量服务承诺：如发现缺页、错页、倒装等印装质量问题，可直接向本社调换。
　　服务电话：010-53202557　　团购电话：010-53202557

超模的生活跟化妆是分不开的，毫不夸张地说我的脸就像试验田，各种风格各种颜色的彩妆几乎都尝试过。如果不走秀不摄影，其实我本人最喜欢的还是清新自然范儿的韩妆。韩妆很适合亚洲女生的肤色和气质，大家都应该掌握韩妆的化妆手法，推荐PONY的这本书。

——《我是大美人》主持人 国际超模 古晨

其实化妆一直是我这么多年比较弱的一项，平时只会化一些很简单的妆容，还要多向彩妆达人学习。PONY听说很久了，终于等到她的书了。在这个众多化妆书鱼龙混杂的时代，真才实学的化妆技巧和对大家真正有价值的书很少。我想，PONY的书对大家很有参考价值。

——知名草根美容达人 小腻腻

PONY是我一直很喜欢的韩国化妆达人，我不得不说她真的很厉害，化妆功力一流。这本书适合十几岁，二十几岁，甚至三十几岁的女生。即使我和宝宝远在英国，也要力挺一下！

——畅销书作家 新浪彩妆达人 ARORA

《PONY四季美妆物语》是本新颖好玩的化妆指导，不同季节搭配不同的妆感，将女孩们浪漫细腻的情怀表现得淋漓尽致又恰到好处。

——美容畅销书作家 知名美容博主 乔琳

PONY的彩妆书终于在国内出版，读者朋友们有福了！有幸提前翻阅，这本书品相上乘，内容充实，90分钟超长超高清DVD教程非常超值，每个人都该收藏一本！

——发型畅销书作家 视频美发甜心 Kleif

以前就听说过PONY，也看过她的超强化妆帖，妆效确实精致可爱，风格百变。如果想掌握最地道纯正的韩式妆容，快来看这本书吧！

——搜狐社区美容顾问 搜狐女人频道当家花旦达人 玩美miss蜜

这本书既实用又漂亮，分解步骤清晰易懂，总结了很多个人的化妆心得，非常适合带一本在手边应付不同场合。

——新浪美容首推名博 特立独行的时尚达人 狐小狸

春夏秋冬四季变换，我们的美丽却要恒久不变。让化妆不再麻烦而是享受和快乐，PONY就是有这种能力！这本书内容实在，图片养眼，技巧也容易上手！

——美丽说明星达人 时尚名媛 鸢尾金子

虽然PONY是韩国人，但在网络如此发达的今天，她在国内早已无人不知。她精湛的化妆功力和制作精良的教学视频让同行们都非常佩服。这是我最想参考和拥有的一本化妆书！

——史上变脸第一人 淘宝化妆达人 灵鸢妮妮

PONY本人对色彩的掌握力度非常精准，妆感细腻唯美，好像艺术品一样。不想再一成不变，做百变美女，那这本书一定要看！

——优酷美妆达人 齐齐亚

百变的漂亮女生，我也是她的忠实粉丝。blog中经常会写一些非常让人受用的韩系化妆小妙招，就算是彩妆新手，本书也能一步一步地让你变成高手哦。

——搜狐彩妆版主 彩妆小教主 老BEN

Prologue

序 言

大家好！我是朴惠敏，是个个性活泼的女孩，每天都这儿跑跑，那儿跳跳的，所以我的朋友都叫我小马驹。"PONY"这个名字就是这么来的。是不是很可爱？呵呵！

小时候，那个好动的像一匹小马驹的我只有在占领妈妈的化妆台时才会变得安静下来。把各种颜色的化妆品混合在一起，学着妈妈的样子玩化妆游戏，那种享受的心情现在想起来还是让我激动不已。不知道是不是因为从小就把脸当做画纸，常常在上面练习画画的原因，后来在大学我也读了平面设计专业。"PONY的化妆讲堂"是在2008年开办的。很多人看了我在博客上传的照片，就对我的化妆方法很感兴趣。当时上传照片只是个人爱好，没想到引来这么多人的关注，这给了我很大的鼓励和勇气。现在"PONY的化妆讲堂"又要以书的形式出版了，说实话这是我自己也没想到的。在这本书中我选择了一些我认为使用率超高，而且是大家最需要的化妆技巧，来做重点讲解。

所谓化妆，就是让你原本美丽的脸变得更加美丽的过程。无论是淡妆还是浓妆，都是一种既可以改变气质又可以改变心情的过程。其实哈利·波特在对魔法应用自如之前也是读了很多书下了不少苦功的吧！各位就把我的这本书当成是一本魔法咒语书，在你找到适合自己的化妆方法之前，好好钻研吧！

我是什么样的脸形，什么样的颜色适合我，我怎样化妆才能显得更出众？如果你能在这本书中找到所有答案的话，那将是我最大的荣幸。`_^

最后我想说，这本书能出版，我想感谢一直宽容我、鼓励我的家人，感谢经常提出好的创意并在我疲惫的时候守在我身边给我力量的最棒的摄影师，也是我的男朋友Asperger贤宇哥哥，感谢每当工作疲倦时都会给我们带来欢乐的我永远的好朋友Das，感谢那些我无法一一提及的但给予我很多帮助的朋友们，以及与我一起分享我努力成果的各位读者。我真心地感谢各位！

Contents

序言　004

CHAPTER 1
底妆入门全攻略VS
各种脸形超详细底妆解析

只有先了解自己，
化妆时才能百战百胜！

FACE 1　各种脸形超详细底妆解析　012
　　Type 1　鹅蛋形脸　012
　　Type 2　圆脸　014
　　Type 3　国字脸　016
　　Type 4　长脸　018

FACE 2　种类繁多的隔离霜迷思大破解　020

FACE 3　遮瑕产品的种类及使用方法　022
　　液体遮瑕产品　022
　　固体遮瑕产品　023
　　用遮瑕膏来遮盖痣　024

FACE 4　用粉底液塑造零缺陷无瑕肌　026
　　涂粉底液的工具及不同工具的使用方法　026
　　涂粉底液的小技巧　027
　　超影响形象的大黑眼圈遮盖窍门　029
　　你的脸好像那红苹果？红潮肌肤的完美遮盖　031
　　不用高光粉也能打造出陶瓷般莹润光泽的肌肤　032

FACE 5　粉底，就这样被我征服　034
　　粉底的种类及上妆工具　034
　　不同肌肤类型涂粉底的最佳方法和工具　036

FACE 6　修容与高光——轻松变小脸美女　040

FACE 7　完美妆容的点睛之笔——腮红　044

CHAPTER 2

眼部底妆
决定整体妆容质量的关键

EYE 1 画眼线的工具和基本技巧　050

　　铅笔型眼线笔——自然柔和　050

　　眼线膏——精致持久　052

　　其他的眼线产品——方便省钱　053

EYE 2 不用再羡慕整形美女——画好眼线既修形又提神　054

　　上翘眼尾画出下垂感　054

　　下垂眼睛画出上翘感　055

　　用眼线打造修长清秀的眼睛　056

　　让眼睛如猫咪一般性感的开内眼角效果　057

　　用闪亮眼线液塑造迷人美目　058

EYE 3 完美眉形轻松造　060

　　修眉一点都不难　060

　　画眉的基本方法　062

　　根据发色来改变眉毛颜色　063

EYE 4 最适合我的睫毛膏和使用技巧　064

　　不同类型睫毛膏的完美分析　064

　　刷睫毛膏的基本技巧详解　066

　　防止睫毛膏晕染的技巧　068

　　怎样刷出能放木筷的卷翘睫毛　069

　　怎样刷睫毛膏才没有"苍蝇腿"　070

　　睫毛膏结块了怎么办　071

　　刷出人见人爱的芭比娃娃睫毛　072

EYE 5 熟悉睫毛夹　074

　　睫毛夹的基本使用方法　074

　　使用迷你睫毛夹　076

EYE 6 如何把假睫毛粘得自然又牢固　078

　　卸假睫毛的方法　081

EYE 7 眼妆工具和使用小贴士　082

牢牢地打好底妆的基础吧！

CHAPTER 3

明媚清透的花漾春妆

变身清纯美少女　**阳光心情**　086

比五月的蔷薇更耀眼的女神　**金黄玫瑰**　088

比巧克力更甜美的情人节女生　**情人蜜语**　090

性感又深邃的卡其色烟熏妆　**依兰绿味**　092

粉色与棕色的结合，打造粉嫩少女　**格兰牡丹**　094

相亲专用升级版清纯粉嫩妆容　**娇羞美人**　096

"负担感 DOWN！魅力 UP！"蜡笔嫩绿妆　**薄荷巧克力**　098

眼睛不再浮肿，性感的玫瑰色妆容　**蔷薇花蕾**　100

户外野餐最闪耀的橙色妆　**橙红苏打**　102

特别企划……………………**Spring**

绽放可爱的唇妆技巧　104

我是百变妆女王！

CHAPTER 4

度假黄金季　夏妆X-file

让你成为假日公主的蓝色妆容　**深蓝翡翠**　114

动感又时尚的蓝色烟熏妆　**蓝色摇滚**　116

炫目一夏的深灰绿烟熏妆　**炫耀朋克**　118

在泳池和海边的魅力防水妆　**蓝色防水**　120

水滴般晶莹诱人的透明古铜妆　**古铜色水滴**　123

特别企划……………………**summer**

10分钟内解决！再懒惰的人也会爱上的心动快妆　126

100%提升眼镜魅力的魔法妆容　128

自信满满的 "hot girl"

CHAPTER 5

变身为浓浓风韵的秋季女神

适合每个女生的国民烟熏妆　**淡雅棕色烟熏妆**　134

挖掘出深藏的性感　**魔法粉色妆**　136

名画里贵族小姐的古典妆容　**梦幻紫罗兰**　138

模仿韩剧中眼含泪光清纯可怜的女主人公　**醇香奶茶**　140

第一印象满分，见双方父母时的专用文雅妆　**天真无邪**　142

变大两倍的性感娃娃眼，GAL系美妆　**GAL系制造**　144

特别企划·······················　**Autumn**

我是紫色控　146

CHAPTER 6

备受瞩目的冬季雪之精灵

让眼睛变得细长美俏的魅力妆容　**狂野魅力**　152

温柔甜美的冬季少女妆　**柔软松饼**　154

圣诞节的雪之女王妆　**雪之精灵**　156

比白雪更耀眼的玲珑妆　**白雪公主**　158

将难看的证件照片变成明星海报　**上镜美人**　160

术后消肿效果满分的眼妆　**瞬间消肿**　162

不输给任何名媛的高贵猫咪妆　**金色猫咪**　164

洁面的方法不对，会引起眼角的皱纹——正确的卸妆方法　166

只有先了解自己，化妆时才能百战百胜

底妆入门全攻略
VS
各种脸形超详细底妆解析

每次照镜子的时候都会为自己脸上的缺点比优点多而备受打击么？
其实没必要这么悲观沮丧。
因为这世界上没有完美的脸，再漂亮的人脸上也会有些缺点。
这些小缺点其实一点都不可怕，
用简单又有趣的化妆魔法就可以将它们修饰变美，
从而打造出毫无瑕疵的陶瓷肌肤和令人满意的完美脸形！
现在就教你如何在脸上施展美丽的魔法吧。

CHAPTER 1

FACE 1

各种脸形超详细底妆解析

Type 1 鹅蛋形脸

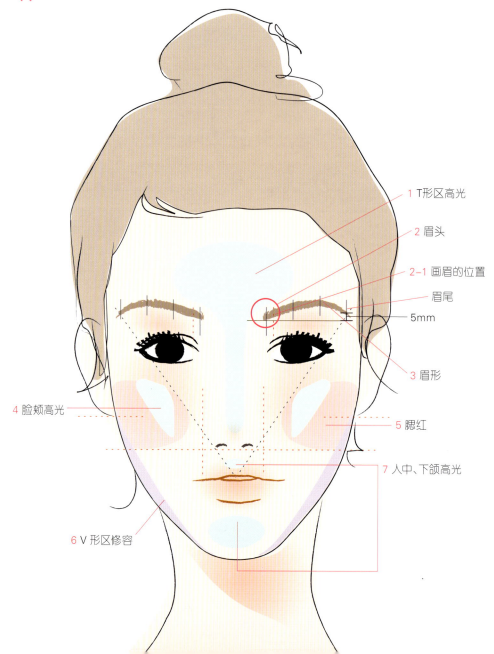

1 T形区高光

2 眉头

2-1 画眉的位置

眉尾

5mm

3 眉形

4 脸颊高光

5 腮红

7 人中、下颌高光

6 V形区修容

1 T形区高光

在额头上画一个丰满的圆，在内部上高光，之后缓缓地下滑轻轻扫至鼻尖。用手摸的时候，凸起来最高的部分就是鼻尖。鼻梁低的MM们要多涂一点哦。

2 眉头

想象一下在眉头处竖直向上的延长线。

从那条线向内5mm处开始画眉就可以了。图中的2-1，可以帮你更好地理解。

现在更流行清纯柔和的妆容，所以画眉时眉头前面稍稍留出一部分，妆感会更自然。

3 眉形

按照标准的眉形去画就可以了。

眉尾是指与鼻孔和外眼角在一条直线上的部分。大概比眉头高出5mm的话就会很美了。

眉峰在将眉毛从眉头到眉尾三等分后的三分之二处。

4 脸颊高光

在图中4号区内以连接外眼角和嘴角的感觉来打高光。

高光的作用是让该亮的部分更亮，使脸部更具立体感。笑的时候脸颊上突起的部分称为F形区，高光只打在这个区即可。斜向轻轻扫至眼睛下部会看起来更美丽。

这时需要注意的是，不能超过鼻尖。

5 腮红

以F形区为中心，到距离鼻孔1cm处的标示线，在此范围内涂抹腮红。

更专业的方法是用腮红刷画圈涂抹，但是如果是初学者，轻轻地扫，再逐渐加深的方法是更为安全的。涂抹腮红也是不能超过鼻尖的延长线，一旦超过就会变成火气旺盛的更年期女性了！

6 V形区修容

请想象一下耳垂下方的一条水平线，沿着这条线向下，从耳垂下到下颌自然地涂抹。距下颌线2~3cm的宽度最为合适。

涂抹修容产品时，请不要忘记调量之后再一点点涂上去，涂抹不均匀的话脸上会出现难看的色块哦。

7 人中、下颌高光

没有必要去把握一个准确的部位，只要轻轻地扫几下即可。虽然是很小的一个部位，但是只有到位，才会让五官更分明，更有立体感。

Type 2 圆脸

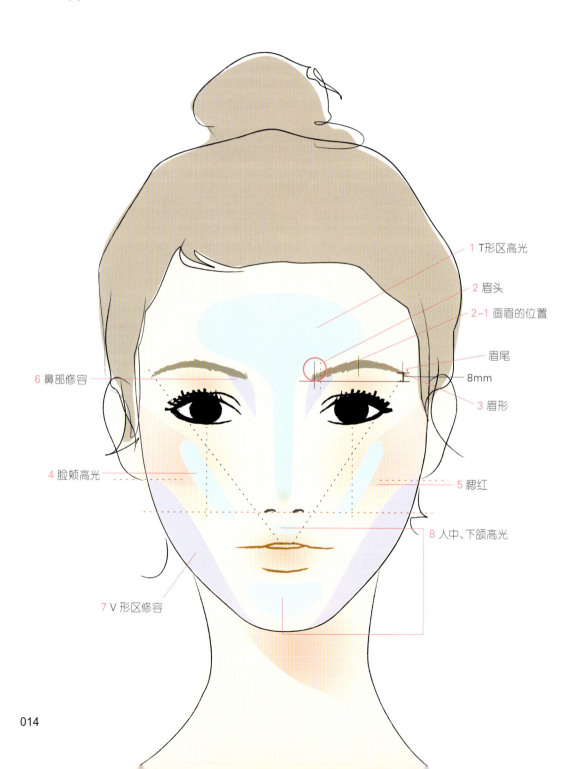

1 T形区高光

2 眉头

2-1 画眉的位置

眉尾

8mm

3 眉形

6 鼻部修容

4 脸颊高光

5 腮红

8 人中、下颌高光

7 V形区修容

无论是从正面还是侧面看，最适合圆脸的还是粉嫩粉嫩的少女妆。比较郁闷的是即使化上性感的烟熏妆也会看起来很可爱。所以就要用修容粉对脸颊上的肉肉进行集中攻克了。如果眉形很短或者很粗的话，就可以通过修饰把圆形的脸拉长一点。

1 T形区高光

请在图中的1号区域内上高光。额头处横向涂抹，轻扫向鼻尖。记住要打得适可而止，涂得太满的话脸会显得很肿。

涂鼻梁的时候，要涂得窄一些，大概一根粉笔的宽度即可。这样会让五官更加分明。但是涂得太多了就会成为粉笔鼻了，让它隐隐地有一点光亮就可以了。

2 眉头

在与鹅蛋形脸画眉的位置相同的地方画眉。

圆圆的脸上如果五官不分明的话，会给人大饼脸的感觉。但是仅仅通过画眉毛就可以在很大程度上避免这个问题。

3 眉形

在从眉头到眉尾的中央部分画出眉峰。

高挑的眉峰位于眉毛中间的话会让脸看起来长一些。眉尾的画法和鹅蛋形脸的画法一样，眉尾停在眉头上方8mm处最为合适。

4 脸颊高光

以从外眼角到嘴角画一条长线的感觉来画。食指的宽度最为合适。如果横向涂得太厚重的话，小心会让脸看起来肿肿的哦。

脸颊高光一定要斜着涂。这样会让脸在左右转动时显出V形脸的效果。

5 腮红

从瞳孔处竖直向下与鼻子下方的水平线相交的地方开始，向太阳穴自然涂抹。如果腮红超过瞳孔处竖直向下的线会使脸看起来比较扁，所以在涂抹时一定要注意横向是否过长，以及最下端是否超出了鼻尖。记住圆脸和斜向的腮红可是绝配哦！

6 鼻部修容

人们在看圆脸时视线会很容易被分散，所以五官也会显得相对不那么分明。因此通过画阴影让鼻梁显得挺拔是很必要的。

从眉头的正下方深陷的部分开始自然地扫向鼻梁即可，画出一个像飞镖的形状。在你的化妆品中选择不含珠光的棕色系眼影使用即可。

7 V形区修容

从耳垂下方顺着下颌的方向涂抹修容粉。从下颌线向内3~4cm的宽度最为合适。和鹅蛋形脸涂修容粉的方式相似，但是要涂得范围更大些，使用温暖的青铜色是再好不过的了。

8 人中、下颌高光

用刷子蘸高光粉，从上嘴唇线到人中之间的部分轻轻地扫2~3次。下颌上高光时，刷子不要左右扫，而是要上下扫。这样才能让下巴显得尖细。

Type 3 国字脸

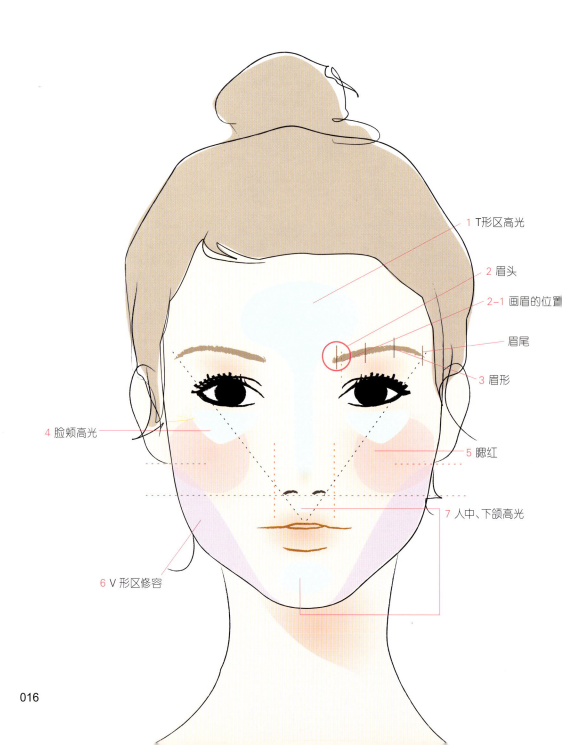

1 T形区高光

2 眉头

2-1 画眉的位置

眉尾

3 眉形

4 脸颊高光

5 腮红

7 人中、下颌高光

6 V形区修容

看起来过度健康的脸也是一种毛病！比起婴儿肥的嘟嘟脸，有棱有角没曲线的脸形更让人上火。因为脸上的肉肉当你变瘦的时候就会消失，而带棱角的骨头可是会跟着你一辈子呢。但是请不要伤心难过。化妆的魔法就是能让你棱角分明的脸变得柔和又别具魅力。

1 T形区高光

在额头上画一个圆，涂上高光后缓缓地下滑，轻轻地扫至鼻尖即可。

2 眉头

有棱角的脸的眉头的画法与鹅蛋形脸的画法相同。请记住，眉头部分不要画得太重。

3 眉形

确定眉尾位置的方法与鹅蛋形脸相同。但是要保证眉尾与眉头不在同一条水平线上，可以参考图中眉毛下面所画的那条蓝线。眉峰位于眉头到眉尾的三分之二处，要画得圆一点。眉形画得圆润会给人温和的印象。

4 脸颊高光

你听过“眼下三角区”这个词么？眼睛正下方有一个三角形的区域，这个部分很容易产生色素沉着，是产生黑眼圈的魔鬼区域。对于棱角分明的脸，打亮眼下三角区是非常重要的。如果在脸颊上斜着涂抹高光的话，反而会使原本的轮廓更为明显。在图中4号区域轻轻扫上3~4次，来盖住黑眼圈。

5 腮红

以F形区为中心，用腮红刷画圈涂抹，大约7次。

用腮红刷上剩下的量轻轻扫向太阳穴，大概4次就可以了。涂抹时不要超过鼻尖。如果画得离鼻孔太近，看起来会像喝醉了一样。

6 V 形区修容

从耳垂到下颌区域内涂抹修容产品。将耳朵下方有棱角的下颌线想象为中轴线来画圆。棱角越明显的地方涂抹的区域也就越大。如果一次涂抹的量过多的话就会像舞台妆了，所以请一点点地分层涂上去。

7 人中、下颌高光

从上嘴唇线到人中之间的部分轻轻地扫2~3次。下颌处没有固定的区域，只要轻轻地扫几下即可。

Type 4 长脸

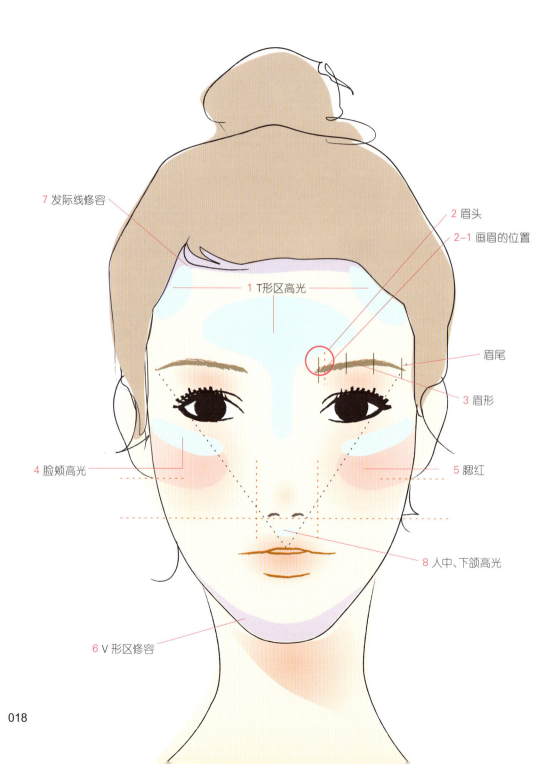

7 发际线修容

2 眉头

2-1 画眉的位置

1 T形区高光

眉尾

3 眉形

4 脸颊高光

5 腮红

8 人中、下颌高光

6 V形区修容

长脸要主攻下颌与发际线来缩小上下距离。但是，绝对不可以在两颊或下颌线上涂抹修容粉霜哦，而是要用高光粉。在额头及两颊部分横向大范围地涂抹高光。因为长脸大多使鼻子显得很长，这样可以让鼻梁看起来短一些。

1 T形区高光

在额头上的1号区域内画一个大椭圆，横向上高光。之后向下，扫到眉尖为止。

2 眉头

画眉头的方法与鹅蛋形脸一样。留出一点不画，就可以给人自然、柔和的感觉。

相比之下，脸形窄且长的情况下，为了让两眉之间不要离得太近，画眉头时从距眉头5mm处开始画会更好一些。

3 眉形

画眉毛时不要突出眉峰部分，以一字形来轻轻地描画就好。眉尾的画法和鹅蛋形脸眉尾的画法相同。让眉形基本与眉头相平，眉尾处稍稍向上提3mm。在从眉头到眉尾的三分之二处，尽可能柔和地画出没有棱角的眉峰。

4 脸颊高光

将高光从太阳穴处开始，围着眼部扫向脸颊。想象着把手指般大小的线条横放在眼睛下方，然后找好位置打上高光，让它遮住瘦长的侧脸。高光的末端不要打到鼻翼上哦。

5 腮红

以F形区为中心用腮红刷横向来回轻轻地涂抹。从距离鼻孔1cm左右的地方开始扫向太阳穴的方向，要注意下方不要超过鼻尖。

6 V形区修容

长形脸需要主攻的部位就是下颌。但一定要掌握好尺度，从正面看的时候距离下巴尖1cm左右就最合适了。

7 发际线修容

长脸最后需要我们去攻克的部位就是发际线。将长出头发的部分想象成警戒线，沿着警戒线内侧涂上1cm左右的修容就好了。在画这个部位时请尝试使用眼影刷。画完后你会发现丰满的发际线看起来让脸变小很多呢。

8 人中、下颌高光

只需在人中的部分用修容粉轻轻地扫2~3次。记住不要在下颌的部分涂高光哦，不然的话，脸看起来会更长。

FACE 2
种类繁多的隔离霜迷思大破解

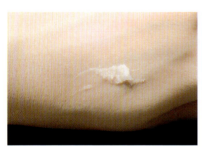

1 拥有陶瓷般肌肤的秘密——妆前乳（Primer）

妆前乳不仅可以让脸的线条与凹凸变化显得更柔和，还可以遮盖如橘子皮一般的毛孔以及鱼尾纹。但可惜的是，它没有神奇的遮盖能力。小的毛孔虽然在一定程度上还是能被它所遮盖，但是在大的毛孔面前，它可就不够瞧了。如果你是干性肌肤，请选择乳液状的，如果你是混合型肌肤就请不要使用。如果你是油性肌肤，当然就要用膏状的啦。如果涂得太多的话可能会搓泥，所以只用一点点就好了。涂过妆前乳之后请等上2~3分钟，好让它能够更好地附着在肌肤上，这样才能更好地发挥它隔离的作用。

适用妆前乳的人
——毛孔不太明显或者肌肤有些凹凸不平
——由于脸部经常出油，妆维持不了多长时间就会花掉
——用粉底液脸色显黄

2 水润透明的肌肤——有色面霜（Tinted moisturizer）

有色面霜（Tinted moisturizer）是一种让肤色更亮的产品。然而遮盖力却是所有隔离产品中最差的。浅浅淡淡地涂会让肌肤如水般滋润并且通透光泽。淡妆爱好者们，可千万不要错过啊。如果说你曾经为了假装素颜而涂BB霜的话，那么从现在开始请你忘记BB霜，尝试一下有色面霜吧。因为BB霜会显得脸色发灰。如果想得到既水润又通透的妆感，那么只要在涂过有色面霜之后再涂粉底液就可以了。

适用有色面霜的人
——喜欢透明妆
——不需要遮盖瑕疵，天生拥有好肌肤
——肤色偏白，脸圆嘟嘟
——干性肌肤

隔离霜在涂粉底液前使用，能让底妆更加自然，妆容更服帖。我们常见的色控霜、有色面霜、妆前乳，都称作隔离霜。但是，由于种类繁多，到底要涂什么、涂在哪、涂多少，这些都让我们十分迷惑。在这一章，让我们一起来试着征服这些种类繁多的隔离霜吧！

3 解决肤色不均的问题——色控霜（Control Color）

　　色控隔离霜可以让每个人拥有各自想要的肤色，还会在肌肤的表面形成一层薄薄的保护膜。但是单靠它来调节肤色终究是要露馅的。所以在涂过色控粉霜之后一定要涂粉底液。

绿色——让有瑕疵的肌肤变得平滑通透。对偏红的肤色有自然镇静的效果。

紫色——让泛黄发暗的肤色变得红润透亮。

蓝色——让黄色的肌肤更加通透有光泽。但是对于肤色苍白的朋友来说是禁品，因为它会让你的脸看起来更加没有血色！

白色——涂在鼻梁或颧骨处，会使之更有立体感。与少量粉底液混合后使用也OK！

粉色——十分适合无血色的苍白肌肤。让东方人的黄肌肤显得更粉嫩。

黄色——适合那些肤色不均匀且发暗的朋友使用。

橙色——适合像被太阳晒黑了一样的深色肌肤。推荐给那些比一般肤色要深的朋友。

适用色控霜的人

——想调节肤色

——想增强底妆持久性

——为脸部瑕疵而苦恼

——喜欢完美隔离效果

4 晶莹透亮的肌肤——亮白隔离霜（Shimmering Base）

　　被称为"珠光隔离"的亮白隔离霜虽然没有丝毫的遮盖能力，但是由于它有着如珍珠般的玲珑质感，是在打造晶莹剔透的华丽肌肤时必不可少的。在光照下反射出的微弱的珠光，能让肌肤看起来更显紧致。用它来代替高光粉，还可以让肌肤显得更加丰盈性感。但是如果在整张脸上都涂抹的话，会显得过于闪亮，让他人很有负担。所以请只在涂高光区域进行涂抹，或者是与粉底液混合后使用。

适用亮白隔离霜的人

——想让肌肤变得紧致，富有弹性

——想让不分明的五官更具立体感

——喜欢光泽妆

——想让肌肤显得滋润光滑又性感

FACE 3
遮瑕产品的种类及使用方法

液体遮瑕产品

液体遮瑕产品的最大优点是滋润。但是因为只涂浅浅的一层，我们也不能对它的遮盖能力抱有过多期望。其形态的特点决定了它适用于角质问题严重的肌肤和解决黑眼圈问题。

它的颜色一般要比肤色亮。当你想让脸上暗沉的部分亮起来的时候用它就最合适了。当然，用它来遮盖浅色的痣和淤青也是OK的！但是不适用于遮盖红色粉刺以及疤痕。

唇彩型

内部带有毛刷，可以蘸着涂，也可以将毛刷放平进行大面积涂抹。如果你想让它更好地服帖肌肤，就用海绵扑再轻轻地拍几下；如果你想让它显得更滋润，就用手轻轻拍打，将它均匀抹开，不要让人看出边缘的痕迹。

管装型

管装型使用时只要将出口处擦干净，再挤出使用就可以了。另外，因为它的遮盖能力比唇彩型要强，所以也可以用来遮盖浅色的痣和淤青。

刷头型

只要旋转或者按一下遮瑕液就会附着在刷头上，可以轻松使用。自带的刷子可以使它紧贴肌肤，脸部窄小的部位也可以涂抹到，遮盖能力自然是超群的。对于遮盖粉刺也是很有效的哦。

遮瑕产品最伟大之处，就是它可以让黑眼圈神不知鬼不觉地消失。除此之外，它还可以遮盖斑、痣、疤痕等，解决各种困扰着你的瑕疵问题。因此在购买遮瑕产品之前，一定要仔细想清楚要用在自己脸上的哪个部分。遮瑕产品大致可以分成干的和湿的两种，只要了解了这两种各自的特点，就可以很轻松地加以区别了。

固体遮瑕产品

固体遮瑕产品遮盖能力超强，但是对于缺水的肌肤来说可就是毒药了。因此绝对不能用固体的遮瑕膏来遮盖黑眼圈! 但它却可以很好地解决疙瘩、雀斑、红色粉刺等各种印痕的烦恼。

饼状

饼状的遮瑕产品有很多种，从膏状质感型到厚重的压缩型。

如果你想要润泽的可以选择膏状的，如果你希望定妆后干爽无光，可以选择厚重的压缩型产品。先用手将其大致地涂抹在印痕处，然后用刷子或者海绵扑把边缘扫开即可。适合用于遮盖痣和雀斑。

棒状

形状类似于唇膏。涂抹后仅仅用手轻轻地拍几下就可以让它均匀地散开，而且遮盖能力也相当不错。对于痣、雀斑、手术疤痕、淤青、粉刺疤痕以及疙瘩都有超强的遮盖能力。但是它像唇膏一样很容易被折断，而且因为使用时直接涂在肌肤上所以很容易被污染，容易引起细菌繁殖，因此这是一款很难保持洁净的产品。

笔状

遮瑕笔可分为旋转使用的自动笔和需要用转笔刀削着使用的遮瑕笔两种。自动笔型的容易磨损，而铅笔型的很麻烦。

遮瑕笔像铅笔一样，很细，因此可用于遮盖细小的部位。但是在有雀斑、痣、淤青等面积比较大的部位就不适用了。使用遮瑕笔的时候，不要只涂在需要遮盖的地方，将边缘稍稍扩大一些，这样看起来才会更自然。

总之，遮瑕笔还是最适用于遮盖小米大小的粉刺、疙瘩和痣。

用遮瑕膏来遮盖痣

虽然对于有些女明星来说鼻子上有颗痣是美丽的象征，但是我们大多数的人还是想把脸上的痣遮盖起来。虽然用激光可以一次将其连根除掉，但是如果你觉得手术后调理很麻烦的话，就请试试遮瑕膏吧。仅仅是遮掉一颗痣就可以让你的脸显得更洁净。此时最重要的并不是遮盖痣的技术，而是选择一款与自己肤色相符的遮瑕膏！

黑眼圈专用的遮瑕膏是为了改善眼睛下方暗沉的一款补色遮瑕膏，而遮盖痣所用的遮瑕膏的颜色需要与你所使用粉底液的颜色相同，这样才能让遮瑕悄无声息地进行。

刚开始化妆的时候，我也有过因为盲目地涂抹遮瑕膏而出糗的经历。因为遮瑕膏比粉底颜色红，所以痣遮瑕后泛起红光，反而让自己的缺陷更加明显了。为了不让自己深陷窘境，购买遮瑕膏的时候，亲自在自己有痣的部位试用一下不就好了吗！不要深，也不要浅，就和你的粉底颜色相同就行了。

make-up item

棉签

遮瑕膏 Benefit — boi-ing

粉底 Dior — Dior Skin Extreme Fit Supermoist 020

下面我就要让眼睛下面的泪痣消失喽。

用棉签蘸取适量的遮瑕膏。备有遮瑕笔的朋友跳过这一步，直接看第3步就好了。

将蘸在棉签上的遮瑕膏点在有痣的部位。如果只遮盖痣的话边缘看起来会很明显，所以请在痣的周围也一起涂抹。

像图中这样将棉签竖起，将遮盖部分的边缘向四周扫开。这时绝对不能碰到遮盖痣的部分。只能扫边缘。

用海绵扑蘸过粉饼后，在遮盖痣的部位用力地按几下。
绝对不能扫或者摊开来涂，只能像固定它一样用力地按几下。

泪痣就藏在图中所画出的圆中了，是不是被完美地遮盖了啊!

FACE 4
用粉底液塑造零缺陷无瑕肌

涂粉底液的工具及不同工具的使用方法

粉底液刷 适用于干性及无瑕疵的肌肤

粉底液刷可以将粉底液薄薄地、不凝聚、均匀地涂在脸上，因此适用化透明妆。比起其他的工具，它是最能突显粉底液所特有的水润感与光泽感的工具。虽然有着用量少、妆容浅淡、自然等优点，但是它的遮盖能力就略显逊色了。

粉底液海绵扑 适用于油性肌肤

海绵扑会吸收粉底液的水分，所以有干爽无光的特点。它遮盖毛孔的能力强，适合油性肌肤。如果在夏天使用，还会稍有干爽的感觉哦。粉底液海绵扑也与刷子一样，只有经常清洗才能长期使用，所以至少保证每两天清洗一次哦。

手 适合懒惰的、爱好快妆的朋友，以及角质缺水的干性肌肤

因为手上有温度，所以粉底液会更容易渗透肌肤。但由于它没有海绵扑那样的吸收能力，所以化出来的妆还是光泽十足的。如果说化妆刷能让肌肤发出隐隐的光亮，那么手打造出的肌肤就是晶莹光滑、散发光彩的。所以在冬天如果用手化妆的话，水润的感觉会维持得更长久。

	弱	中	强
遮盖能力	刷子	手	海绵扑
滋润程度	刷子	手	海绵扑
清爽程度	刷子	手	海绵扑
均匀程度	手	海绵扑	刷子
易结块程度	刷子	海绵扑	手
光泽度	刷子	海绵扑	手
价格	手	海绵扑	刷子

涂粉底液的小技巧

基本涂法

取出直径约为1cm的粉底液在手背上，用手指将其分散地点在脸上。在额头上点三下，两侧两颊各三下，鼻梁上一下，下颌两下。然后根据箭头所指的方向，随着肌肤的纹理，按照由里到外，由宽的部位到窄的部位的顺序进行涂抹。为了保护好你的肌肤，我再次建议正向涂抹。涂隔离霜时也可以使用此方法。

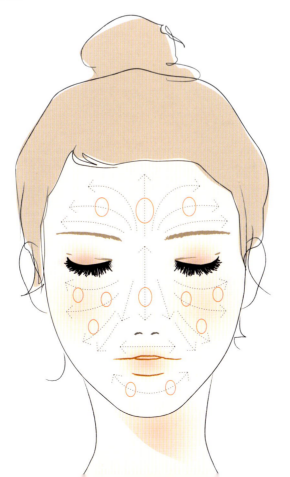

用刷子涂抹的方法

before after

不让刷子在脸上留下痕迹非常重要。将刷子稍稍竖起来，用刷子尾部涂抹，不要太用力，轻轻扫过即可。先涂面积大的部位（如额头、脸颊等），然后像眼睛、鼻子、嘴等部位只要用刷子上剩下的粉底液来解决就好了。在涂粉底液之前，如果在脸上喷一点保湿喷雾的话，肌肤会更滋润。

在处理像鼻孔周围、嘴以及眼睛的线条等细节时，只要用刷子窄小的侧面贴着肌肤，立起刷子纵向涂抹即可。

使用粉底液刷涂粉底液，会使肌肤焕发出隐隐的光彩。我的脸颊上有一颗小小的痣，但因为粉底液涂得很薄，所以几乎没有覆盖住这颗痣，这让我的脸看起来像没化妆一样的自然。

用海绵扑涂抹的方法

before after

用海绵扑时要用轻压的方法涂抹。只要轻轻地压几下，海绵扑上的大部分粉底液就会被肌肤吸收，所以只要顺着肌肤的纹理，轻轻地把粉底液均匀地拍开即可。

在处理像鼻孔周围、嘴以及眼角等细节部位时，请使用尖角海绵扑。狭窄的部位只有轻拍才能让妆服帖。如果你的鼻子因为爱出油而经常花妆的话，那就先用粉底刷将粉底液涂在脸上的其他部分，之后再用海绵扑将粉底液轻拍在鼻子上吧。

海绵扑是最能提升遮盖力的工具，所以你看，我的痣已经完全被覆盖上了呢。
但是由于过于干燥，笑几下就会在法令纹的位置留下印记。所以除了爱出油的夏天，干性肌肤的朋友就把海绵扑彻底抛弃吧。

超影响形象的大黑眼圈遮盖窍门

　　黑眼圈大致可分为青色和棕色两种。青色的黑眼圈是血液循环不通畅所导致的,是肌肤的一种示威表现。所以只要吃好睡好,它就会很快地消失啦。而棕色的黑眼圈,则是由于外部的刺激引起的色素沉淀而造成的。比如卸妆时揉得过于用力等,都会让肌肤受罪。看似毫无解决办法的黑眼圈,让我们一起用化妆品来对付它吧!

眼角的肌肤很薄,也很容易受刺激,所以在遮盖黑眼圈前一定要记得涂眼霜哦。涂眼霜的时候,像我这样用无名指轻轻地拍打即可。

然后涂防晒霜。涂好后等它完全吸收,大概3分钟后再涂粉底液。这时无论是用刷子、海绵扑还是手,都要立起来与脸颊形成90度角,然后快速涂抹。

这就是涂完眼霜和粉底液后黑眼圈的样子。这样才勉强看得过去,不然我真怕熊猫会扑上来叫我姐姐呢。

对于有青色黑眼圈,看起来病恹恹的朋友来说,粉色系是最好的选择。有棕色黑眼圈的朋友则要选择黄色系哦。涂抹时要避开下眼线和眼角的部分,轻轻拍打不要用力,想让妆看起来更服帖的话就用海绵扑。然后用刷子上剩下的遮瑕液来涂抹眼角以及下眼线部分。

通常做完第四步就已经完成了。因为再涂的话可能会引发肌肤干燥等问题。但如果是个要拍照的好日子,想更上相的话,得再给力点才行,对吧?那么就再用刷子蘸点遮瑕液吧。

从眼角处发暗的地方开始,涂向下眼线。如果说第四步是要将眼眶整体提亮,那么这一步则是要特别对下眼线、内眼角以及暗淡的外眼角部分进行提亮。

因为下眼角膜很容易受到细菌感染，所以最好不要涂化妆品。但一定要把黑眼圈藏起来的日子就另当别论了。请在手上套一个干净的粉扑，然后再把眼皮向下拉，横向涂抹遮瑕液，只要细细的一道就好。再将不自然的边缘用手指轻轻晕开，轻拍几下。

果然，只有眼眶亮起来整张脸才能亮起来啊。这时我突然想起了一个朋友说的一句话："其实有黑眼圈可以让眼睛看起来更大。"唉，多么凄凉的自我安慰啊。

涂过粉底后再用高光刷在遮盖的部分扫一层薄薄的高光粉，将其固定一下。

黑眼圈遮盖成功！

make-up item

眼霜 CLINIQUE — Repairwear Intensive Eye Cream
遮瑕液 M.A.C — Select Moisturecover NC20
海绵扑
遮瑕刷 Piccasso — Proof 08
高光粉刷 Piccasso — 14 Pony

你的脸好像那红苹果？ 红潮肌肤的完美遮盖

　　小时候因为有它，经常听到"你的小脸好像红苹果"的称赞，而20岁以后，则变成了"你这么早就更年期了啊"的嘲笑。没错，它就是红潮肌肤。

　　普通人虽然会用腮红把脸蛋涂得红扑扑的，但是对于脸上有红潮的人来说使用腮红只能是个梦了。对付这种难缠的肌肤就一定要用有调节肤色功能的隔离霜啦。

绿色的隔离霜可以减轻肌肤泛红的现象。将隔离霜挤出，然后用海绵扑轻轻地拍打，涂在整张脸上。再挤出之前量的一半，再次涂于两颊。如果红晕集中在脸颊上，就只涂脸颊便可。因为刷子遮盖力稍差，所以处理红晕时一定要使用海绵扑。

请选用黄色调的粉底液。这可是最适合亚洲女生的颜色哦。

取出适量粉底液，沿图示，按照两颊—额头—鼻子—下颌的顺序涂抹。在前一步中已经解决了红晕的问题，所以这一步用刷子轻轻地涂抹即可。

为了让整张脸体现出清爽的感觉，请用刷子从脸的内侧向外侧涂抹粉底。然后再用粉扑处理一下两颊上红色的部分。

用刷子画圈涂抹腮红，从F形区轻轻地扫向太阳穴。涂的时候要注意，千万不要超过眼球竖直向下的那条线。如果你的肌肤略黑，请选用橙色的腮红，如果你是雪白的肌肤，那么请选择紫罗兰色。选用橙色的读者涂在照片中橙色部分即可。选用紫色的读者涂在照片中粉色的部分即可。

如果红晕还是很严重，那么就请在涂过粉底后涂一层白色的眼影试试吧。在两侧的脸颊上大面积地涂上个2~3次就可以了。之后再涂腮红的话颜色就会显得很自然，红晕也不会那么明显了。

make-up item

保湿霜 Kiehl's — Ultra Facial Cream
防晒霜 Lacvert — Shaking Essence Sun
绿色隔离霜 Castle Dew — Water Shot Base Green Color
粉底液 Make Up For Ever — Liquid Lift Foundation 1
粉底 Dior — Extreme Fit Supermoist 020
珠光感强的橙色腮红 Banila Co — Face Love Blusher 02 Love Letter
粉底刷 Piccasso — 701
腮红刷 Piccasso — 108
粉底液刷 Piccasso — FB15

不用高光粉也能打造出陶瓷般莹润光泽的肌肤

　　水光妆只适合拥有完美肌肤的人。与其相比润光妆突出的是水润的感觉，用粉底调节肌肤的光泽度，使得脸上的凹凸不平不再明显，同时也不会产生油光的感觉。这自然会让肌肤看起来细腻有光彩。化润光妆多用高光粉，但高光粉如果使用不当反而会让肌肤看起来更粗糙。在这一章，我就和大家一起分享一下不用高光粉也能轻松化出润光妆的方法吧。

将粉底液与保湿霜1:1混合后，再用棉签蘸取一些特级初榨橄榄油，5滴即可，滴到手背上。

将第1步中取出的三种化妆品混合在一起。可以用干净的手指，也可以用棉签。

在粉底液刷的两侧均匀地蘸上化妆品。由于润光妆的关键就在于薄薄地涂抹，所以一定要使用刷子。

按照照片中箭头所指方向，由里到外涂抹粉底液。按照两颊—额头—鼻子—下颌的顺序涂抹即可。

这种混合粉底的遮盖能力已经不错了，但因为黑眼圈好重哦，我还是用无敌遮瑕液来遮盖黑眼圈吧。

抿起嘴，做出照片中的表情。这样鼻子下方的血管就会看得很清楚。这个部分就用遮瑕液来处理吧。

用海绵扑或Flocking粉扑在粉饼上蘸2~3次，轻轻地拍在上眼皮和下眼线的部分来控油。这一步对于化眼妆的朋友十分重要。只有眼眶不油了，粉状的眼影才能涂得更清爽，才能防止双眼皮眼线上出现眼影卡粉现象。

用刷子蘸取蜜粉后像画圆一样，按照两颊—额头—鼻子—下颌的顺序均匀涂抹即可。为了突出F形区，涂抹时要保持微笑，随时留意脸颊的光泽度。刷子每扫过一次，你就会体会到从"微微泛光"到"清爽光润"的变化过程。

话说我涂粉底的时候，也是一边涂一边看着镜子，像傻瓜一样笑。这都是为了让脸上焕发出最美的光彩嘛！光看照片是不是也能感受到这份清爽呢？焕发着神秘的光彩的润光妆就这样完成了！

make-up item

特级初榨橄榄油（Extra Virgin Olive Oil）
棉签
保湿霜 CLINIQUE — Moisture Surge
粉底液 Make Up For Ever — Liquid Lift Foundation 1
粉饼 Dior — Extreme Fit Supermoist 020
蜜粉 Bobbi Brown — Face Powder 1 Pale Yellow
粉底刷 Piccasso — 701
粉底液刷 Piccasso — FB15
遮瑕刷 Piccasso — 501
遮瑕液 M.A.C — Select Moisturecover NC20

FACE 5
粉底，就这样被我征服
粉底的种类及上妆工具

蜜粉（散粉）

这就是蜜粉。因为只涂薄薄的一层，所以遮盖能力稍为逊色。但是与需要清爽之感的油性肌肤就是天作之合啦。

粉饼

这就是被称作压缩型粉底的粉饼。通过把粉压缩在一起的方式制作而成，不仅携带方便，遮盖能力比起蜜粉也要强很多。它有着厚重不油的特点，很适合油性肌肤。

粉底刷

粉底刷既适用于蜜粉，又适用于粉饼。它很轻便，又能增强妆容的水润感，适用于对肌肤滋润光泽的表现。一定要使用由柔软的天然毛制成的粉底刷哦，这样才不会伤到柔弱的肌肤。

上个世纪90年代，最流行的就是"厚重不油的彩妆"。当时所强调的概念就是："无论如何都要追求干爽之感！""管他光泽啊，还是什么的，统统抛到脑后！"

但是如今人们对粉底的作用有了新的认识——粉底的作用在于增强粉底液的服帖感与提高化妆的持久性。此外为了突显腮红与眼影等彩妆的色调，粉底还起到一个坚实基础的作用。同样的粉底会随着涂粉底时使用工具的不同，所产生的效果也会有所不同，或是干爽或是水润。此时，我们要抓住的不是"我想要的感觉"，而是肌肤想要的感觉。在这一章，我向大家介绍粉底的不同种类，以及涂粉底所用的不同工具的区别。

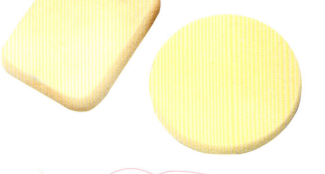

扁平的海绵扑

主要用于涂抹比较有质感的隔离产品，在涂粉饼时也可以使用。它的遮盖能力与服帖能力都很强，适合多数肌肤。

大号粉底扑

在使用时，蘸过粉底后，对折摩擦几下，就可以直接在脸上涂抹了。右边的粉扑（它叫做Flocking粉扑）主要用于使用粉饼时。密实的表面能将粉底的颗粒蘸得满满的，可以做出干爽的定妆效果。

扇形刷

涂完粉底后，用它扫去脸上多余的粉底。它很灵活且富有弹性，可以帮大家扫净脸上多余的粉末。

不同肌肤类型涂粉底的最佳方法和工具

中性肌肤需要薄薄的、稍具遮盖感的底妆——蜜粉+粉扑

1 一般的粉扑都比较大，所以无法完全放进蜜粉的盒子里。所以为了防止粉底撒出来，你是不是就会用力将粉扑按在细孔上，再把盒子倒过来把粉倒出来呢？

2 那样的话粉扑上只会蘸到细孔上的一点点粉底，反而还会留下很深的盒子边缘的印记。请一定不要再使用这种方法了。

3 不要害怕，让粉扑与细孔之间留点小空隙。然后翻转蜜粉的盒子，晃个两三下就好了。

4 像这样，粉扑就蘸上了适量的粉末啦。

5 把粉扑轻轻地对折，摩擦后就可以往脸上涂了。

6 这是涂粉底之前，我泛着光的脸。

7 从脸颊开始，按照额头—鼻子—下颌的顺序，轻轻地在脸上按。

8 处理像眼睛这样凹凸不平且窄小的部位时，要将粉扑折起来，用它的一角轻轻地点着涂。这样才能防止出现卡粉现象哦。

9 涂鼻子周围的时候，也要用粉扑的一角轻轻地按。这种不夸张又清爽的效果很适合中性肌肤的朋友。

干性肌肤需要既滋润又持久的底妆——蜜粉+粉底刷

1

蜜粉与粉底刷，是涂薄粉底时的梦幻组合。
在粉末状粉底盒盖着盖子的状态下，将其稍作倾斜，然后用食指轻轻地敲两下盒子。

2

小心地打开盖子，就会发现盖子上沾有粉末。

3

将其均匀地蘸在粉底刷的两侧。

4

在涂抹之前，要在手背上轻轻地敲几下，调整好用量以后再涂。

5

按照两颊—额头—鼻子—下颌—眼睛的顺序，用刷子轻轻地扫。注意，千万不要用力哦。

6

立起刷子，用刷毛尖细致地涂抹鼻子和眼睛的部位。双眼皮处要多涂一次哦。

7

这就是用粉底刷涂了蜜粉后的样子。干爽的同时，也适当地保留了光泽度，这样的收尾也不错吧。

中性肌肤需要既有遮盖力又有滋润感的底妆——粉饼+粉底刷

1

在粉底刷的一侧均匀地蘸上粉底。如果想突出水润的感觉，就把粉底刷立起来，只用刷毛尖轻轻地蘸上粉底即可。

2

看，粉底均匀地蘸在粉底刷上了吧！

3

用食指轻轻地敲一下刷子的杆部，调节一下粉底的量。

4

先涂大面积的部分，再涂小面积的部分。涂的时候一定要由内向外哦。

5

涂眼眶和鼻子的时候，要将刷子立起来，轻轻地扫。

6

与用粉底刷涂蜜粉时相比，虽然光泽度稍有逊色，但是遮盖力增强了哦。

7

在这里，我还准备了一只既有弹力又很柔软的纤维毛化妆刷。纤维毛化妆刷在蘸粉底的时候，要立起来，让刷毛都像1字一样立着。

8

轻轻地敲一下，调整一下刷毛尖上粉底的量。

9

从内侧向外侧，在脸上画圈。由于它的毛质具有弹性，过于用力就会破坏底妆，所以就像微风拂过一样，轻轻地扫就好了。如果你喜欢光泽丰盈的妆感的话，就试试这个方法吧。

油性肌肤需要遮瑕又控油的底妆——粉饼+海绵扑

1

下面我用粉饼和海绵扑来上粉底。海绵扑可以让粉底更服帖，更有效地控制油光。

2

将蘸好粉底的海绵扑对折，用力地按几下，让粉更均匀地沾在上面。

3

用海绵扑涂粉底时，不要太用力，稳稳地按几下就好。这样才能让它更好地固定，不至于突出来。

4

在眼睛和鼻子等妆很容易花掉的部位，要再多涂一次。

5

我是干性肌肤，所以化完看起来会有些干燥。但是油性肌肤的朋友化完后一定会很清爽的。

6

涂完粉底后用扇形刷将多余的粉底末扫掉。让刷子与脸成90度，用刷毛尖部轻轻地、快速地扫几下即可。

make-up item

粉饼 Dior — Dior Skin Extreme Fit Supermoist 020
蜜粉 Bobbi Brown — Face Powder 1 Pale Yellow
粉底刷 Piccasso — 701
扇形刷 Piccasso — 723
纤维毛化妆刷 Piccasso — 187
粉扑 M.A.C — Powder Puff

FACE 6
修容与高光——轻松变小脸美女

这是整体上完妆的样子。但看起来好像缺了点什么，整张脸没有光彩，显得比较平庸。没错，就因为少上了修容和高光。

用高光刷蘸过A后，从鼻梁上与眼角平齐的部位开始，到鼻尖的位置，画一个扁圆形。靓丽抢眼又不失性感的妆效可以选略带珠光的白色或粉色高光。淡雅、青春的感觉应该选珠光感强的米黄色高光。

在图中所示圆圈内涂上A。画圆一样地多涂上2~3次，这样可以让它看起来更自然。涂抹时要注意，不要让额头过于光亮，让它散发出淡淡的珠光就好了。

在图中所示圆圈内涂上A。从距离外眼角2cm处开始，顺着鼻尖的方向斜向下。一定要斜着涂，范围要窄。这样涂过的地方会反光，能让你的脸看起来更娇小可人。

把刷子立起来，用尖部轻轻地把高光粉扫在唇线上。

在图中标出的范围内上高光。这是微笑时会突出来的部位。涂抹时，由中间扫向两侧即可。平时虽然看不出来，但是当你笑的时候就会散发光彩啦。

仅仅靠修容和高光就可以轻易变脸哦！只要找到了适合自己的修容和高光，无论是谁都可以以小脸重生了。但是如果掌握不好的话，就会让粉刺和颧骨显得更加突出，所以要小心哦。千万不要觉得我所介绍的方法是死的，以第一章为基础，按照自己的脸形特点把它们涂在相应的部位就好啦。

在图中标出的范围内从上到下轻轻地扫上B。在从下颌线向内2cm左右的范围内涂抹，便会产生反光效果，使脸看起来小很多。太阳穴的涂抹面积要大一些。涂的时候要一边看效果，一边薄薄地涂。

在图中范围内对发际线进行处理。让刷子与脸成直角，用大约1cm长的刷毛来薄薄地涂一层。以额头与头发的分界线处为主进行涂抹即可。让额头变小，从而也会使脸看起来更小。

和最初的照片比起来，这张是不是像ps过？刚开始可能会比较困难，但一定要反复不断地练习，直到熟练掌握以上修容的方法为止。

 make-up item

A 高光粉 M.A.C — Hyper Real Pressed Warm Rose FX
B 修容粉（Bronzer） The Body Shop — 02 Hot Bright
Blush Brown Color
C 高光刷 Piccasso — 14 Pony
D 修容刷 Piccasso — 108

打造高挺鼻梁的鼻梁整形妆，毫无副作用哦

东方人很难拥有洋娃娃那样挺翘的鼻子。下面我来教大家利用高光与修容，让鼻梁更挺、眼眸更深邃的方法！

通过简单的化妆就能得到，效果绝不亚于整形哦。让我们一起来学习一下吧。

这是化完妆后等待鼻梁整容的样子。

在图中标出的范围内涂上高光粉。由上到下，一点点涂，才不会形成粉笔鼻哦。选择颗粒小颜色淡的高光粉较为合适。

鼻部修容开始啦。从眉尖处下陷的部位开始，沿着鼻梁向下，涂出一个飞镖的形状即可。用冷色调不含珠光的棕色眼影代替也可以。

西方人的鼻梁又高，鼻头又尖。现在我们要做的就是这个效果。在图中标出的范围内淡淡地涂1~2次，然后轻轻扫向鼻孔前面。

第4步如果涂得过浓的话，鼻尖就会像被晾衣服的夹子夹过似的。这时就需要用干净的刷子将没涂开的修容粉扫开。用手指也可以。

这样看起来鼻梁就挺多了吧？
如果你觉得在整张脸上涂高光与修容很麻烦的话，就只对鼻梁进行处理吧。这样也可以使整张脸都立体起来。

make-up item

A 高光粉 M.A.C — Hyper Real Pressed Warm Rose FX
B 鼻部修容粉 Toda Cosa — Mono Eye Color 30 Chocobrown
C 高光刷 Piccasso — 14 Synthetic

TIP&TALK

Pony 私蜜语

没有必要一定要涂妆前乳

虽然不是一定要涂，但是涂过一次之后，就会深陷其魅力中不可自拔。妆前乳用在防晒霜之后，粉底液之前，起到提亮肤色、遮盖凹凸不平的肌肤以及调节皮脂的作用。油性肌肤应选用比较厚重的膏状或口红状产品，而干性肌肤则适合比较稀薄的乳状或霜状产品。如果你的脸部没什么瑕疵的话，就省略这一步吧，好让你的肌肤可以更好地呼吸。如果你还是坚持要涂的话，请在涂之前先涂隔离霜。调节好肤色后的遮盖才是最有效果的。

着急外出时请化好底妆后再吹头发

多睡了会儿懒觉，就导致上班前的准备时间变得十分仓促了。而唯独在这一天，妆会变得很容易花掉，是吧?

妆花掉的原因无非有两种。一是化底妆时涂的东西过多，处于饱和状态的肌肤不能完全吸收化妆品。二是涂得虽然适量，但是由于心急，没给肌肤吸收的时间就继续涂下一种化妆品了! 如果想避免这种悲剧的发生，就要在正式上妆之前给予肌肤充分的时间，让它去吸收底妆。所以在涂完防晒霜之后再去吹头发吧。这样既可以节省时间，又可以防止妆花掉。最理想的化妆是按照以下顺序进行的: 爽肤水(化妆水)—乳液、保湿霜—防晒霜—隔离霜—妆前乳(根据需要可以省略)—粉底液。

洗脸时要揉搓鼻子至少40次

鼻子是皮脂分泌最旺盛的部位。加上天气热的话，毛孔又会放大，角质啊皮脂啊什么的就会在那筑巢了。就那样放任不管的话，就会慢慢形成白头，再慢慢变成黑头，最后就会变成让人痛恨的酒糟鼻了。而且黑头一旦长出来是很不容易根除的，虽然用鼻贴可以进行瞬间清洁，但是那样又会使毛孔变得更大，使里面积累更多的皮脂。为了遏制这种恶性循环，认真清洗鼻子就是再重要不过的了。洗脸时将两个手指的指肚并起放于鼻子上，从鼻翼到鼻尖，循环往复至少要40次。仅仅一天早上虽然不会有什么变化，但是坚持做下去的话，总有一天你会发现你的黑头不见了，鼻子也变得细腻滑溜多了。

在洗脸后的1分钟内上底妆

脸洗得越干净，肌肤表面起到保护作用的油脂就清除得越彻底。保护膜没了，肌肤的水分自然就蒸发出去了。所以，从洗脸间一出来就要马上奔向化妆台，开始上底妆。对于维持肌肤的水分来说，快速上底妆要比高价保湿霜重要多了。

FACE 7
完美妆容的点睛之笔——腮红

用刷子涂腮红

将最普通的粉状腮红，像画圆一样地刷在F形区。刷5次左右即可。

按照箭头所指方向，向太阳穴的方向画圈。

如果脸颊下方腮红的边缘很明显的话，颧骨会显得很突出，所以要将腮红的边缘以折线型向下颌方向扫开来。

看，用了珠光感强的粉状腮红后，脸颊上泛起了美丽的光泽呢！如果你觉得颜色淡的话，可以再重复一次第2步和第3步。

腮红能让你的脸变得红润，除此之外，根据颜色的不同以及涂抹部位的不同，还可以改变整个妆效哦。根据所选用工具的不同，色泽和感觉也会有所不同呢。从用量不易控制的膏状腮红的使用方法，到常见的粉状腮红的使用方法，还有把不用的唇膏用作腮红的方法！在这一章，让我们一起来体验吧。

用手指涂腮红

1

在脸上涂过粉底液后，我们就要开始涂膏状的腮红喽。

膏状腮红要涂在粉底之前，这样底妆才容易化，腮红的边缘才不会那么明显。

2

膏状、口红状、管状、啫喱状等滋润型的腮红使用方法都一样。但是对于初学者来说，用量以及涂抹方法都是很不容易掌握的。用食指蘸取时，腮红会随着手指的温度化开，并变得更容易贴紧肌肤。

3

将膏状腮红涂于脸上，注意，不要超过鼻尖到耳垂之间的这条线。

从眼珠正下方的位置开始，向着太阳穴的方向，每隔7mm左右点一下，将腮红分成4份。

4

沿着箭头所指的方向把腮红轻轻地涂开来。注意手指不要太用力，否则不仅腮红涂不均匀，底妆也可能会花掉哦。涂开后，用手指肚轻轻地拍打，好让腮红的边缘消失不见。

5

这就是用食指涂完膏状腮红后的样子。手上的体温，让脸颊的肌肤变得透明，富有光泽。怎么样，看起来是不是很健康啊。

用海绵扑涂腮红

1 用海绵扑轻轻地在膏状腮红上扫个两三次。

2 就像这样。

3 按照箭头的方向，轻轻地将海绵扑上的腮红一点点涂在手背上，直到颜色变浅，变透明为止。

4 沿着蓝色箭头所指的方向，从F形区的中央沿斜线，轻轻地向太阳穴方向拍打。然后在沿着粉色箭头的方向，把腮红向外涂开。

5 把海绵扑放平，用整个面在脸上轻轻地拍，将腮红的边缘涂开。

6 先在手上调过颜色后再涂在脸上，就再也不用担心会变成烤红薯啦。

7 如果你没掌握好用量使腮红颜色过深，或者你想让腮红能维持更长时间，那么就在此基础上涂粉底吧。不要用粉扑去拍，用粉底刷轻轻地扫上去即可。

8 就这样，我的脸变得不再油光，反而多了一份白皙自然的感觉！

唇膏也能当腮红用

唇膏也是一种很好的腮红，但是一定要选择与普通腮红颜色相近的浅色系列唇膏。珠光感过强会给人以隐隐闪烁的感觉，没有珠光则干净清爽。因为唇膏也是膏状的，所以也要在涂粉底前使用。

就像图中这样，把唇膏涂在脸颊上。从脸颊中部开始，向着太阳穴的方向，斜向涂抹。

用海绵扑的一角，沿着箭头的方向，轻轻地将唇膏涂开。

将海绵扑的一个面完全贴在脸上，轻轻地拍，让腮红的边缘变得更自然。

就这样，粉嫩的脸蛋就化完了！随着唇膏状态、珠光感以及颜色的不同，化出来的感觉也不同。我选用的这款唇膏化出了少女的感觉。真是个神奇的东西！

如果想提升唇膏腮红的服帖感及持久性，再在其基础上涂上粉底就可以了。

这是涂过粉底后的样子。怎么样，唇膏用作腮红也是一个不错的选择吧？

make-up item

膏状腮红 Bobbi Brown — Pot Rouge 21 Cabo Coral

唇膏 Estee Lauder — Pure Color Long Lasting Pink Parfait

腮红 Benefit — Sugarbomb

牢牢地打好眼妆的基础吧！

眼部底妆
决定整体妆容质量的关键

拥有完美肌肤的安室奈美惠曾经这样说道：
"成就大业往往需要借助一点神的力量。"
为了化出完美的妆容，在打基础的过程中，
所需借助的就是眼线笔、睫毛膏和睫毛夹的力量啦。
适合自己脸形的眉形，令眼睛更加有神的眼线，
还有像洋娃娃一样上翘的睫毛。
把这些完美地组合在一起，美妆的基础就完成啦。
在这一章，我会向大家毫无保留地公开我眼部底妆技巧，敬请期待吧。

CHAPTER 2

EYE 1
画眼线的工具和基本技巧

铅笔型眼线笔——自然柔和

　　铅笔型眼线笔,有着如蜡笔一般的柔和质感。反复涂几次后,用手指或眼影棒轻轻晕开,烟熏眼妆就这样简单地完成了。大部分的眼线笔都是质感越软涂的时候越容易晕开,眼眶不易出油、眼妆很少会花掉的朋友们,如果想化一个自然的眼妆,请选用铅笔型眼线笔。

用铅笔型眼线笔画眼线的基本方法

这是我的眼睛在使用眼线笔之前的样子。是不是显得很没神啊?

在画眼线之前一定要擦掉眼周的油脂。用蘸过粉饼的海绵扑在眼眶周围轻轻地按上眼皮的双眼皮线、下眼皮的卧蚕以及上下睫毛处。如果是缺水性肌肤,要避开有笑纹的地方。

用另一只手按住眼皮。按照箭头的方向,只在上眼皮的内侧画哦。这样画出的眼线就会很光滑,而且上睫毛的根部也可以很轻易地画好。只有内眼角处的睫毛根部涂好了,眼妆才会显得很自然。

让眼睛线条更分明、更具魅力的一等功臣就要数眼线产品了。每个人的眼睛类型各不相同，但人们选择时往往很盲目，人家说什么好就买什么。轻易听信传言的结果是会很狼狈的。最少也要先了解什么样的东西适合自己，才能去购买吧。

在上眼皮后三分之一处画眼线。从外眼角沿箭头方向画。这次要画在睫毛根部偏上一点的地方。用另一只手轻轻地拉着眼皮再画会简单很多。

将第3步和第4步中画的眼线连接起来。用另一只手轻轻把眼皮拉平，然后在睫毛根部画上眼线。不要追求一气呵成，慢慢地连，来回画个3~4次才会让眼线看起来更自然。

用一只手按住上眼皮，轻轻地往上拉，然后用眼线笔将睫毛根部全部涂满。这样才能让用过睫毛膏和睫毛夹后的睫毛看起来更丰满，更自然。

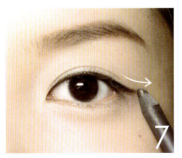

在眼角后面挑出5mm左右的小尾巴，要与整体线条平行。在画的时候，一定要正面照着镜子画，这样才能更好地把握拉多长，挑多少。画眼线收尾时用笔要越来越轻。

眼尾的末端如果很粗的话，就用手指从内向外把它轻轻地晕开即可。

这就是用铅笔型眼线笔画出的眼线。修改简单，看起来又很自然。这也是我画眼线时最常使用的工具。

make-up item

M.A.C — Powerpoint Eye
Pencil Buried Treasure

眼线膏——精致持久

比起眼线笔，眼线膏画出的眼线要更为精致，不容易花，也不像眼线液画出的眼线那样老土，而且它的浓度还很容易调节。

眼线膏中含有水分，因此使用后一定要清洗眼线刷。使用完一定要马上盖上盖子，不然很容易干掉。无论是在平时，还是在画眼线的时候，最好把容器倒扣在桌子上，这样可以在一定程度上防止水分蒸发。

用眼线膏画眼线的基本方法

眼线膏很快会变硬，所以最好先适量取出再开始画。像这样，把刷子的两面充分蘸满眼线膏。

就这样直接画眼线的话，眼线的边缘会显得很僵硬，所以要先在手背上试涂1~2次，调节好用量。

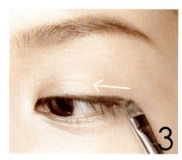

沿着箭头的方向，由外眼角向中间画眼线，要涂在比长睫毛的部位偏上一点的地方。它画出的眼线不好修改，所以不要一次完成，分2~3次画完即可。

从内眼角开始，与第3步中画的部分连接起来。先用另一只手把上眼皮拉平，然后按箭头方向，把眼线画在睫毛根部。同样，也要分3~4次完成，才能让它看起来比较自然。

眼线的框架画好后，用一只手轻轻拉住上眼皮，然后进一步将睫毛根部涂好。不要留白，一点点轻轻地点上去即可。

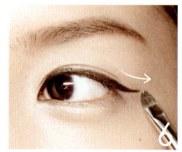

随着眼睛的线条自然地挑出一点小尾巴，大约5mm即可，要保证与整体线条平行。收尾时手要渐渐放松，越自然越好。

make-up item

M.A.C — Fluidline Blitz & Glitz

其他的眼线产品——方便省钱

照片中的就是一般的眼影。与防晒霜混合使用的话，与用极细液体眼线笔画出的眼线效果差不多。用小而扁平的刷子和眼影画出的眼线淡淡的，但是不能维持很长时间。

盒装的眼影使用起来虽然有些麻烦，但浓度很好调节，画出的眼线也不容易花。画眼线时，要先在眼线刷上喷上水、柔肤水或是爽肤水等，然后再蘸取眼影。

用眼影画眼线的基本方法

1

选择一款你手中暗色系的眼影，用刷毛的底端蘸取即可。如果刷子的整面都蘸上眼影的话，画眼线时很容易画不整齐。

2

沿着箭头的方向，由外眼角向中间画眼线。要涂在比长睫毛的部位偏上一点的地方，这样才能让线条更明显。多涂几次好调整浓度。

3

将上眼皮拉平，涂好睫毛根部。

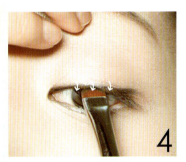

4

眼影是粉状的，绝对不能进眼睛里，所以涂的时候不要用力将眼皮向上拉，只要轻轻地拉平即可。让刷子垂直于眼睛，然后把留白处点满即可。

5

在尾部画出与眼睛相平的小尾巴。眼皮放松，涂的时候手不要用劲，左右来回涂几次。这样层次分明的眼尾就完成啦。

make-up item
Kate — Glam Trick Eyes BR2 Black Color

EYE 2
不用再羡慕整形美女
——画好眼线既修形又提神

上翘眼尾画出下垂感

before

after

在美国，稍稍下垂的眼睛被称为"Puppy eyes"。我常常安慰自己："我的眼睛要是在美国可是很吃香的！"所以我决定让我这双稍显哀怨的眼睛看起来更加哀怨。怎么样？效果满分！

用黑色的眼线笔，从内眼角开始，沿箭头方向画眼线，画到眼睛二分之一处即可。不要画得太粗，但要紧贴睫毛根部。

从第1步的结尾处开始，沿着箭头的方向继续画。与前一步不同，画的时候要稍稍离开睫毛根部一些。

现在正对着镜子，沿着眼睛的线条顺势向下画。让眼线尾部自然垂下来，长度大约在7mm即可。

从外眼角向中间画眼线。注意不要画在长下睫毛的地方哦。

用棉签或眼影棒，把下眼线的尾部向眼角方向涂开。

如果下眼线前半部不画的话，会显得有点愣。所以也要细细地画一下。前半部分要画在睫毛根部，而后半部分的睫毛根部则一定要空出来。

下垂眼睛画出上翘感

before　　　　**after**

你还在为一双睡眼毁了整个妆容而烦恼么？那么Pony告诉你一个好消息！单凭一支眼线笔就可以让你忧郁的眼尾变得上翘起来。不用花一分钱也可以打造出媚眼！跟我一起学吧。

用黑色的眼线笔，从内眼角开始，沿着箭头的方向画眼线，画到眼睛的二分之一处即可。一定要紧贴着睫毛根部去画哦。

沿着箭头的方向继续画。与第1步不同，画的时候要稍稍离开睫毛根部一些。这时请记住，要留出距眼角大约5mm的距离。

做完前两步后，你的眼睛就会像照片中这样了。如果出现眼线前部很细，越往后越粗的效果，你就成功了。你看，眼线仅仅少画5mm，眼睛看起来是不是变短了很多啊。

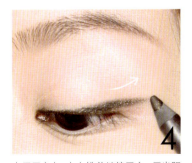

向眉尾方向，向上挑着继续画完。画出距外眼角大概7mm长度即可。眼线是向上挑的，所以眼角的部分看起来会空，但让眼角上翘得很利落，所以千万不要把空白涂满。

下面，贴紧下睫毛根部从外眼角向内画下眼线。但是不要与上眼线连起来，不然就没有那份清爽的感觉了。

用棉签或眼影棒，把下眼线的尾部向眼角的方向轻轻地涂开。这样边缘就自然地消失了，而且整体感觉也更加秀气了。

用眼线打造修长清秀的眼睛

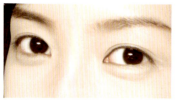

before

after

　　把涂眼影的范围拉长，可以让眼睛也看起来更修长。但是你没觉得单靠眼影总是缺少点什么吗？靠眼线也可以轻松有效地打造出这种眼睛哦！让我们一起追赶潮流，学习有开外眼角效果的眼线技巧吧。

用黑色的眼线笔，按照最基本的方法，沿着由外眼角到内眼角的方向画出一条眼线。

轻轻向上拉住眼皮，将睫毛根部再画一遍，把留白的地方用笔点上就好。如果睫毛根部留有空白，在用过睫毛膏和睫毛夹后，会显得睫毛与眼线是脱离的，所以一定要涂好。

正面对着镜子，沿着眼睛的线条顺势向下画出眼尾，要比平时画得长一些。离眼角的距离大约在1cm，睁开眼睛时让它保持水平即可。

沿着箭头的方向画出下眼线，画到眼睛的中间部分即可。将上下眼线的尾部连在一起，眼睛就会变长啦。

用棉签或眼影棒，把下眼线的尾部向眼角的方向扫开。让它自然地与上眼线衔接在一起，就算大功告成了。

让眼睛如猫咪一般性感的开内眼角效果

如果你眉距过宽，或者你想拥有像猫咪一样性感的双眼，开内眼角效果是你最好的选择。
这种眼线重在要画得很细，所以一定不能画得太夸张。最自然的才是最美的嘛！

这是已经画好眼线和眼影之后的样子。睫毛膏会妨碍到画眼线，所以一会儿再涂吧。

开内眼角效果很容易晕妆，所以要选用持久力强的极细液体眼线笔。面对着镜子，从内眼角向外画一条1mm~2mm的线。一定要与下眼线保持水平哦。

第2步完成后，眼角处会像长出一根刺一样，出现一条凸起来的短线。放松眼皮，然后将这条凸出的短线与上眼线连接起来。

用手指轻轻拉住内眼角，就会看到有一小块空白，就像图中画的这样。

将空白涂满。绝对不能涂进眼睑里面去，否则你很可能会在卸妆的时候发现黑色的眼屎。

清新又如猫咪般性感的眼妆就这样完成了。虽然我的眉间距离不算宽，但是我平时也会经常化开内眼角效果。

make-up item
极细液体眼线笔 KATE — Super Sharp Eye Liner BK1

用闪亮眼线液塑造迷人美目

我有个在加拿大留学的朋友，她就是那种离了闪亮眼线液会死的人。一天，她像平常一样涂了闪亮眼线液，然后去教会做礼拜。她正在那认真地祷告呢，牧师不知道什么时候来到了她的身边，一边轻轻地拍着她的背一边说："Don't cry. Everything is okay..."通过这个小故事，我想各位对闪亮眼线液的泪眼效果都有所领教了吧。单靠闪亮眼线液就可以让你变得青春，变得朝气，甚至变得华丽哦。

基本中的基本——泪眼效果

这是一双既没朝气又不显眼，更谈不上华丽的眼睛。只是简单地画了眼线和眼影之后的样子。

在图中画线的区域内轻轻地点上A。控制好量，珠粉才能涂得更自然。轻轻地点在下睫毛根部是这种妆的关键。一定要记牢哦！

这个让人负担百倍的表情，看了之后甚至能把出生时吃过的母乳都吐出来。虽然它很肉麻，但还是请你看一下上过妆之后的眼睛。事实上珠光效果要比照片中更加显，仿佛真的有眼泪在打转一样。

当烟熏妆与闪亮眼线液相遇

突然出现了一只熊猫,吓坏了吧?
化了烟熏妆会使眼部发暗,搞不好会让整体感觉变得很忧郁,很凶。所以在图中画线的区域内涂点A吧。在下睫毛根部的外侧涂个2~3次,这样会让眼睛更有生气。

是不是看起来水汪汪的?我在化烟熏妆的时候,是一定会搭配闪亮眼线液的。

模仿艺人的媚眼

在基本的烟熏妆完成之后,在上眼皮的重要部分涂上A。

将眼皮上的A用手指轻轻地抹开。

然后等闪亮眼线液变干。眨眼时不再有黏着感就说明已经干了。然后用刷子将化烟熏妆时使用的中色系眼影轻轻拍在眼皮上,这样就大功告成了。

make-up item

A Etude House — 水滴光彩眼线液1号

EYE 3
完美眉形轻松造

修眉一点都不难

1

为了让大家看到修眉前后更明显的对比，我留起了眉毛，还不得不一直用刘海把杂乱的眉毛挡得严严实实的。

2

用眉刷顺着眉毛的生长方向轻轻梳理。理顺后容易把握眉毛的走向。

3

用眉刷将眉头部分往上梳，用美容剪剪掉过长的部分。但是，长眉毛的部位不要剪。

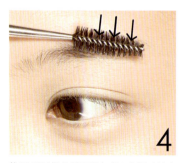

4

梳理眉尾部分时要用与第3步相反的方法，要往下梳。

5

和第3步的方法一样，剪掉过长部分。不要剪得太稀疏，不然会显得眉毛很无力。

6

顺着梳几次后就要开始修形了。把美容剪竖成1字，从眉峰部分开始，轻轻向两边，沿着眉毛边缘刮两遍。修完后，让眉峰的线条更加柔和。

如果你自称是自然美人，然后任凭眉毛自然生长不加修饰的话，就会给人一种很邋遢的感觉。如果你把眉毛修得像用签字笔画上去的海鸥一样细的话，顿时你又会看起来像一个老女人！不过，请不要担心。只要掌握好眉毛的粗细，然后将多余的眉毛修掉，就可以拥有自信的眉毛啦。

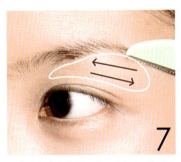

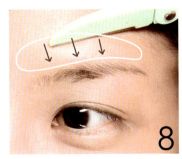

现在大家来用修眉刀刮一下杂毛。比眉毛的平均粗细要细的毛为杂毛。将所画区域内，用修眉刀，从正反方向各刮一遍。

再用修眉刀从上到下刮掉眉毛上方所画区域内的杂毛。刮完后会发现眉线更加清晰。这样，修眉就完成了。

把握好自己眉毛的纹理后，将杂毛去除，就能给人以自然、干净的印象。有些朋友连眉峰都想要修整，但是希望大家明白，天生的才是最自然、最美丽的，眉峰部分还是不要动为好。

make-up item
螺旋刷 Piccasso — 402
美容剪
修眉刀

画眉的基本方法

用眉笔先在眉头到眉峰之间画上线，就像画画之前要先勾边一样。画得过深会给人感觉很强势，所以画得要轻。

眉毛的终点在鼻翼与眼尾的连接线上，用眉笔比一下就知道了。

找好位置后，从眉峰开始往眉尾画线。

紧贴着长眉毛的地方，轻轻地画眉。

将第4步画好的线继续自然地、轻轻地画至眉尾。

空的部分用眉笔点上去，将空的地方填满。眉毛比较少的话可以浅浅地给眉毛整体上色，然后再填补空隙。

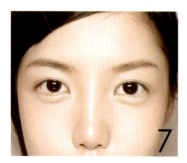

这是修眉并画眉之后的样子。以后可以不用再用刘海挡起来了。与之前茂盛得像森林一样的眉毛相比，干净利索多了吧。

根据发色来改变眉毛颜色

　　很多女生都喜欢染发。但头发变漂亮了，却觉得黑色的眉毛好像变得不和谐了。你是不是也苦恼呢？我把头发染成了棕色，然后把眉毛画成亮一号的棕色。很多人问我是怎么做的，现在我就把方法告诉大家吧。

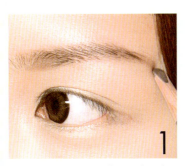

像前面所学的一样，先按照基本方法画眉，使用像Ebony笔或Shu Uemura的眉笔Hard Formula等比较浅的产品，由多次画成会比较好。

用棕色的眼影与头发颜色做对比。头发颜色发红的话用红棕色，发黄的话用金棕色作对比。眼影的颜色要比自己的眉毛颜色亮两号，不带珠光，颗粒越小越好。

用眉刷蘸取选好的眼影，眉毛前面的部分要轻轻地画得很浅，眉毛后面的部分要稍微画得深一些。

用眉刷沿着眉毛生长的反方向一点点地梳理，这样才不会结块，可以刷得更好。不要将液体沾在皮肤上，只刷在眉毛上就可以。

按箭头所指方向，顺着眉毛生长的方向刷。刷眉头时要垂直刷，越接近眉尾刷的时候越要趋向水平，这样才会更漂亮。

头发与眉毛颜色相配了，是不是很有安全感了呢？

make-up item

眉笔 Shu Uemura — Hard Formula 02
眼影 Toda Cosa — Mono Eyecolor 30 Chocobrown
眉刷 Piccasso — 301
眉毛膏 Palty — 染眉膏 金棕色

EYE 4
最适合我的睫毛膏和使用技巧

不同类型睫毛膏的完美分析

1 长、稀疏型睫毛

选用丰盈、加密的立体睫毛膏

　　毛刷比较丰盈、茂密,可以多蘸些睫毛膏,让睫毛看起来比较浓密。密而硬的刷毛,可以让上翘的睫毛更具立体感。

　　Maybelline — Volume Express Turbo Boost Waterproof

2 长、浓密型睫毛

选用短毛、较硬类型的毛刷

　　长而浓密的睫毛也相对较重,所以用短毛、较硬的毛刷是最合适的。因为睫毛本身就很长,所以还是选用较粗较硬类型的睫毛刷。

　　Dior — Diorshow Extase 090 Black Extase

3 短、稀疏型睫毛

选用含纤维素的睫毛膏

　　含纤维素的睫毛膏可以让睫毛显出立体感。但是,重复刷可能将睫毛粘成一团,读者们要警惕哦。

　　Anna Sui — Super Mascara DX Long Lash 001

4 短、浓密型睫毛

选用短毛、丰盈的毛刷

　　短毛刷不会吸收大量睫毛膏,可以更均匀地涂到浓密的睫毛上,也可以做出增长的效果。

　　Lancôme — Amplicils waterproof Full Dimension Volume Mascara

纤长浓密根根都完美上翘的睫毛！我想这样的睫毛是每个女孩的梦想。在日本进行的一次调查中，当被问到"如果只能带一样化妆品去无人岛，你会选择什么"时，选择睫毛膏的人最多。所以在这章中，我将教给大家选择适合自己的睫毛膏的方法以及多种多样的使用方法。

5 短、下垂型睫毛

选用螺旋形毛刷

　　紧贴着睫毛，旋转螺旋形毛刷，把睫毛卷出立体感。因为是紧贴着睫毛，所以会让睫毛纤长卷翘，不易晕妆。

　　Maybelline — Great Lash

6 稀疏、下垂型睫毛

选用长毛毛刷

　　长毛刷的毛，可以充分卷到每一根睫毛，所以不用反复地涂刷，也能让睫毛看起来更浓密。

　　Maybelline — Mag Num Volum' Express Waterproof

7 内眼角稀疏型睫毛

选用橄榄球形毛刷

　　毛刷的前后较薄，眼头部分睫毛较稀疏的人也可以轻松卷起。可以细致地刷到稀疏的部分，让睫毛更浓密。

　　Maybelline — Lash Exte Unstoppable Lasting Curl Waterproof

8 内眼角短的睫毛

选用弯曲的毛刷

　　毛刷的弧度可以让短而不易刷到的睫毛也轻松地被刷好。涂睫毛膏的时候从内眼角到外眼角可一次性卷到。

　　产品 A Lancôme — Virtuose Divine Lasting Curves Mascara

　　B Etude House — Code：B Proof 10 Mascara 4# Strong Smoky 防水

A

B

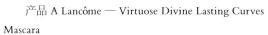

刷睫毛膏的基本技巧详解

用睫毛夹夹好，做好涂睫毛膏的准备。

将睫毛分成三等份，在画线区域涂刷睫毛膏。睫毛刷保持"—"字形，从睫毛根部开始，以"Z"字形刷法涂刷。涂刷次数要在10次以内，不然容易粘成一团。

涂刷画线区域内的睫毛。用睫毛刷后部（刷和棒连接的部分）涂刷就可以。

相对麻烦的就是内眼角部分睫毛。用睫毛刷前部采用第2步的方法涂刷。这里的睫毛比其他部位稀疏，所以不要超过5次。

要刷下眼睑睫毛咯。把睫毛刷竖成"1"字，用刷的前端往下涂刷。

不习惯涂大量睫毛膏的人，到此步骤就可以收工了。但是，我个人还是觉得下睫毛刷得不够浓密，还有点遗憾。

若要打造更加浓密的下睫毛，还要重复2~4步骤。刷下睫毛中间部分，涂刷5次。这时候要用睫毛刷的前部分或中间部分涂刷。下方比上方睫毛短，所以刷的时候要紧贴根部。

下睫毛内眼角部分，要用睫毛刷的尖部来刷。稍微远离毛根，涂刷5次左右。

最后刷睫毛外眼角部分。从睫毛中部开始向外，用剩下的睫毛膏涂刷。用睫毛刷后部（刷和棒连接部分）涂刷。如果上睫毛碍事，就先用手轻轻把上眼皮拉起后再涂刷吧。

下睫毛是不是看起来比原先更丰盈呢？如果想再丰盈些，就再重复一下这几个步骤。

make-up item

Dior — Diorshow Extase 090 Black Extase

防止睫毛膏晕染的技巧

用棉签吸掉眼底黏膜上的水分。棉签要放在干净的袋子里随身携带，并时不时拿出来擦拭一下黏膜。

擦干水分之后就要处理油脂了。眼角有皱纹的人可以用粉底刷蘸些许蜜粉，涂在标出的范围内。以睫毛根部为中心，横向轻扫。眼角油脂较多的人可以用粉扑蘸取粉饼，集中涂在睫毛根部。

请按前面所介绍的方法均匀涂抹睫毛。一定要用防水睫毛膏哦。

现在来处理下眼线。先涂上眼影，再用海绵扑打完隔离后，再涂一遍眼影。如果平时下眼线处不涂眼影的读者，只要做到第3步就算是完成了。

这个是完成后的样子。怎样防止睫毛膏晕妆，需要亲自试过才能知道。现在就请试试吧。

make-up item

刷 Piccasso — 205A
睫毛膏 Maybelline — Mag Num
Volum'Express Waterproof
睫毛夹 M.A.C — Flash Color

怎样刷出能放木筷的卷翘睫毛

1

用睫毛夹和睫毛膏之前，只涂了眼影的样子。

2

先用螺旋形毛刷理顺睫毛。就像头发需要梳理，睫毛也是一样的。

3

用一只手轻拉眼皮，将睫毛夹放在睫毛根部夹睫毛。夹的时候，微微用力，夹的部位也要比平时更靠近睫毛根部。

4

现在该涂睫毛膏了。记得要使用立体睫毛膏哦! 涂完后等睫毛膏完全干燥。

5

用食指托起睫毛。手指的温度可以起到再固定的作用。

6

在睫毛膏干了以后，一定要再夹一次睫毛。如果在没有干的情况下用睫毛夹，膏体沾在睫毛夹上会滋生细菌，夹出的睫毛也很不自然。

7

左边是原来的样子，右边是经过处理后神奇般卷翘的样子。是不是差别很大呢? 睫毛一下子长了2mm呢。

8

另一只眼睛也以同样的方法涂好。只用睫毛膏就可以画出神奇的卷翘睫毛，这可是事实哦!

make-up item

螺旋刷 Piccasso — 402
睫毛膏 Dior — Diorshow Extase 090
Black Extase
睫毛夹 M.A.C — Full Lash Curler

怎样刷睫毛膏才没有 "苍蝇腿"

用睫毛夹夹过睫毛后，用螺旋刷梳理一下。

从睫毛根部用睫毛刷以 "Z" 字形刷法涂刷。刷一遍正好。

将睫毛刷放平呈 "一" 字，向上均匀涂刷睫毛。在睫毛膏没干之前，涂少的部位也要补满。在干了之后再涂的话，就很容易结块了。

用螺旋刷将睫毛梳理整齐后，以 "1" 字形快速涂抹，就成这样了。用这种方法就可以化出不结块、完美上翘的睫毛。

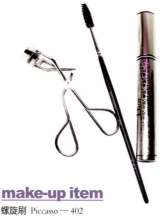

make-up item

螺旋刷 Piccasso — 402
睫毛膏 Dior — Diorshow Extase
090 Black Extase

睫毛膏结块了怎么办

1

看了就不爽的睫毛膏结块现象。我是为了结成块，故意胡乱挥动睫毛刷，做出了照片中的效果。

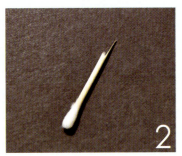

2

将干净的棉签折成图片中的样子。断面有一两个尖刺才算折得标准。

3

棉签蘸取适量眼部卸妆油，轻刷睫毛，软化睫毛膏。这个方法比用化妆棉来修整的副作用小。

4

现在用棉签断面的尖刺，挑开结块的睫毛。

5

用干净的手指或指甲，从根部开始轻轻向外拉，清除残留物。轻轻地多重复几次，直到清理好为止。

6

就像这样，取出粘在一起的睫毛膏。

7

结块现象是不是比原先少多了？

8

现在请慢慢地、小心地重新涂抹睫毛膏。

9

和原先相比，是不是好了很多呢？

刷出人见人爱的芭比娃娃睫毛

这是使用睫毛夹和涂睫毛膏之前的样子。

在距毛根1mm的地方夹睫毛。一般分3个阶段来夹睫毛，但是想夹出洋娃娃那种睫毛的话，分1~2阶段就可以了。

这是第2步结束后的睫毛效果。如果感觉这样的睫毛不自然的话就分三个阶段来夹。但是，一次夹成会更有洋娃娃般可爱的感觉哦。

现在该涂睫毛膏了。先以Z字形涂上睫毛膏，让其上翘。从睫毛根部一直到睫毛尖部，都要以这种方式涂好哦。

把睫毛刷边缘的膏体沾回到容器内，调节好取出的量。

用第4步的方法在下睫毛上刷睫毛膏，像图中这样，把睫毛刷立成1字形，然后利用睫毛刷边缘均匀地刷。

用镊子把睫毛镊在一起。

用与第7步同样的方式将下睫毛也镊在一起。这里最重要的是速度，从第4~8步要以最快的速度一次性完成。不然的话，睫毛会不容易粘在一起。

这是洋娃娃般的睫毛画好后的样子，真的成簇地翘上去了吧。浅浅的眼妆，粉红的唇妆，再加上这样的睫毛，真的会美到爆哦。

make-up item
美容镊
睫毛膏 Dior — Diorshow Extase 090 Black Extase
睫毛夹 M.A.C — Full Lash Curler

EYE 5
熟悉睫毛夹

睫毛夹的基本使用方法

1

使用睫毛夹之前的样子。现在我们要把睫毛分三步夹好。

2

眼睛向下看，把睫毛夹竖直地贴在脸上，放入全部的上睫毛后夹住5~15秒。注意，夹的时候要贴紧睫毛根部。

3

现在，让睫毛夹和脸呈45度角，在睫毛中央部分夹4~5次。但如果夹的时间太长，睫毛会变得像蕨菜一样，不但不会变长变美，反而会很搞笑。

4

把睫毛尖部放在睫毛夹中夹一下。用与第4步一样的方法夹2~3次即可。夹睫毛时用力的程度分别是：睫毛根部>中间部分>睫毛尖部。

5

怎么样？上翘得很完美吧？要想做出这样的效果，一定要注意的是不能用力去夹，要轻轻地反复夹才能自然美丽。

6

只夹上睫毛，下睫毛会不高兴的。把下睫毛也夹好，才能让使用过睫毛膏后的眼睛如同芭比娃娃一般，变大两倍。

睫毛夹过后依然很容易下垂的朋友，是不是有时会把棉签或睫毛刷在火上烧一下再使用啊？那样很危险，而且不可能让睫毛上翘维持更久的。让我来告诉大家不用加热，单凭睫毛夹也可以打造出持久上翘的美丽睫毛的方法吧！

以这种状态直接放在下睫毛上，把镜子稍微往上拿一点，看好了再夹睫毛就可以了。上下睫毛之间的距离会变宽，不易夹到眼睑，请放心吧。

再确认一下有没有夹到上睫毛。在距下睫毛根部1mm左右的位置，轻轻夹3次。

夹下睫毛中央部分，还是不要用力，轻轻地夹两次即可。下睫毛比上睫毛短，所以夹两次就够了。

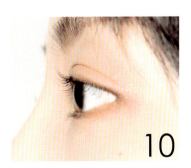

下睫毛也卷起来了吧！虽然效果不是十分明显，但是比不夹睫毛可漂亮多了，不是么？

使用迷你睫毛夹

1

在睫毛两端使用迷你睫毛夹。睫毛两端要比中间稀疏，所以要分两次来夹。眼皮放松，让睫毛夹紧贴睫毛根部，然后夹住大概5秒钟。

2

这次是夹住中央部分，夹5次就行，都知道不能用力吧。

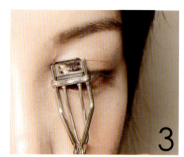

3

前面的睫毛比后面更短更少，所以只夹一次就行，在毛根附近夹5秒左右即可。

4

夹完后，睫毛的前端和后端也都翘上去了。如果没有迷你睫毛夹的话也不用特意去买，根据需要选购就可以了。

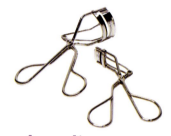

make-up item

迷你睫毛夹 Shu Uemura — Eyelash Curler Mini
睫毛夹 M.A.C — Full Lash Curler

TIP&TALK

Pony 私蜜语

千万不要不顾一切地去用眼线来解决左右眼大小不一的问题

人的脸不是以对折后再展开的方法生成的，所以无论是谁左右两只眼睛都不可能一样大。但是如果差异过大，就会被别人叫"大小眼"了。如果两只眼睛的大小差得不多，用眼影就可以很轻松地解决。但是如果差得比较多的话就试着用较浓的眼影来调整一下吧。如果用眼线来解决的话，你闭上眼睛时两条眼线所显现出的巨大差异会让你成为别人巨大的笑柄的。

风干后的眼影颜色不亮了，那么就尝试用胶带来处理一下吧

有一天，突然发现眼影的表面风干变硬了，颜色也不再鲜亮了。我想大家都有过这样的经历吧。这是粉状眼影与水分或者油分结合后所出现的现象。如果置之不理的话，不仅仅是眼影无法显出原有的颜色，在眼影表面的油膜上还会积下很多脏东西。这时剪一块与眼影表面积相符的胶带，在变硬的眼影表面轻轻地粘几下。眼影表面凝结的油膜就会完全被粘掉，眼影就又会像新的一样发出亮丽的颜色啦。

不要拘泥于化妆品所谓的用途而变成井底之蛙

不论是眼影、腮红、唇膏，还是珠光粉底，你一旦被它们"固有的用途"束缚住思想，化妆将变得不再有任何趣味。眼影和唇膏可用作腮红和高光，唇彩可用作让你看上去更性感的眼影，润唇膏则可以用作睫毛膏哦!

请一定要记住，任何一种化妆品都有着超乎你想象的多种多样的用途。使用公式很简单啊! 形态差不多的化妆品都可以代替使用。但是，把很久不用的化妆品与正在使用的化妆品混在一起用的话，只会让化妆品腐坏得更快，所以这一点一定要注意哦。

保存化妆品时一定要记好开封日期

化妆品也是有保质期的。使用过期的化妆品，很有可能会毁了你整张脸的皮肤哦。一般化妆品的背面或底面都会写有简单的产品介绍和保质日期。打开圆筒的面霜的盖子也经常会看到"6M""12M""24M"等字样吧? 数字后面的M是"月（Month）"的缩写字母，指的就是产品开封后可以使用的期限。化妆品从开封的那一刻起就开始了与氧气的接触，就已经开始变质了。所以一定要记得写下开封的日期，然后严格按照保质期规定的时间使用。

清洗过的毛刷，要将毛捋顺成刚买来的样子后再晾干

清洗完的毛刷因为没有了油分，一般干了以后刷毛都会呈现出一种散乱的状态。如果你不想让它散乱地翘着，就把刷毛捋顺后再晾干吧。

EYE 6
如何把假睫毛粘得自然又牢固

1

准备假睫毛。假睫毛会变形，所以要用镊子轻轻取下。

2

把取好的假睫毛平放在手上。

3

两手叠在一起轻揉。如果是长而不整齐的假睫毛则很有必要这样做。这样才能拥有根根分明，浓密自然的睫毛。

4

这是经过第3步之后的假睫毛。如果揉太长时间，假睫毛就会变成这样了。大家一定记住轻揉就好了。

5

把乱七八糟的假睫毛重新放平，用美容剪剪下假睫毛前面5cm左右的部分。假睫毛大部分是长—短—长—短这样反复的，在长的部分剪下去就行了。

6

粘专用胶之前，把假睫毛弄成像一开始那样的半月形。

又长又丰满的睫毛是每个女生的梦想。如果在用过睫毛膏之后，还是觉得效果差那么一点，就试试假睫毛吧。根据不同时间、不同场合来选择不同款的假睫毛。但是如果贴出来胶水过于明显，或是假睫毛没有贴到睫毛根部而是自己跑到别的地方去了，那可就糗大了。想贴出自然的假睫毛就跟我学吧！

7

捏住假睫毛尖部，涂抹睫毛胶。睫毛两侧要抹得更多一些。虽然现在是白色的，但干了以后会变透明。

8

在等胶干的时间里，可以把自己的睫毛分成3段来夹。在粘假睫毛之前夹，真睫毛与假睫毛可以混合得更好。在贴之前，先用铅笔型眼线笔画好眼线。

9

用镊子夹住涂过专用胶的假睫毛中间部分。先轻贴在中央部位，确认好前后位置以后再粘。在距离内眼角5mm左右的地方粘假睫毛。

10

捏住还没粘好的边缘部分，沿着睫毛生长的方向仔细地粘好。不要粘在眼睑上哦。

11

使用拇指和食指把假睫毛和睫毛捏在一起，用上面的食指顶住睫毛，只用下面的拇指把睫毛往前拉。食指不动。这样会让假睫毛更加紧贴，看起来更加自然。

12

为了真睫毛和假睫毛混为一体，现在开始使用睫毛夹让睫毛翘得更加自然。只分两次夹好就可以了。

用液体眼线笔将留有白色胶的部分涂满。

把睫毛膏涂在原来的睫毛与假睫毛上，不要涂得过厚，不然会感觉很厚重。

粘睫毛之前用铅笔型眼线笔画眼线，粘好睫毛后用液体眼线笔再次画眼线。

是不是看不出粘假睫毛了呢？把假睫毛整理好，让它紧贴在睫毛根部，看起来就是这样自然。

make-up item

假睫毛 Piccasso — Eye Me 36号
美容剪
睫毛夹 M.A.C — Full Lash Curler
睫毛膏 Dior — Diorshow Extase 090 Black Extase
极细液体眼线笔 KATE — Super Sharp Liner BK

卸假睫毛的方法

将干净的化妆棉蘸满眼部卸妆油，然后放在眼睛上。等1分钟左右，直到假睫毛专用胶变软。

之后将化妆棉取下，就会变成这个样子。睫毛膏都溶了，但顽固的专用胶却没怎么溶。

卷好取下的化妆棉，用干净的部分在贴有胶的睫毛部分轻轻揉。胶和睫毛开始分离后用手慢慢地把假睫毛拿掉。

假睫毛可以再次使用。把拿掉的假睫毛放在化妆棉上，再把卸妆油刷在假睫毛上。因为是二次清洗，所以可以使用之前的那块化妆棉。

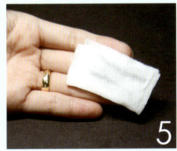

像这样对折，多取些卸妆油，直到透过化妆棉可以看到假睫毛为止。等3分钟。

3分钟后睫毛膏和专用胶都粘在化妆棉上了。等假睫毛干了以后，收好就可以了。

make-up item
假睫毛 Piccasso — Eye Me 36号

EYE 7
眼妆工具和使用小贴士

A 橡胶材质的眼影棒。眼影棒可以将粉状化妆品损失量减到最小，它不仅可以突显珠光感，还可以让化妆品颜色发挥到极致。我一般在画下眼影或涂黑色眼影时使用。价格便宜不说，用途还很多，使用后只要用肥皂清洗干净即可。对于初学者来说，真的是再合适不过了。我使用的眼影棒是Piccasso 403款。用久了可以换新的头继续使用，很是方便。

B 打底色用的，没有水分的一般眼影也适合此款，它可自然、柔和地打好底色。而且它还可以把中间层刷得很完美，所以用途也是比较广泛的。我使用的是Piccasso 205A款，此款毛刷材质柔软，敏感的眼缘都可以轻柔地刷到。

C 用于加强局部的尖头刷。刷头圆圆的，前面有些尖。虽然是天然毛，但因为刷毛较短，所以很容易控制力度。它一般用于强调眼形或者突出睫毛线，也可用来化烟熏妆和眼部底妆。我用的尖头刷是M.A.C 219号。购买的时候用手感受一下，刷毛富有弹性就最好了。

D 小而扁的下眼睑刷是画眼影时必需的。因为是扁状，所以能很好地上色和显色。它不仅适用于画下眼睑，在涂眼影或突出局部的时候也可以用到。我使用的下眼睑刷是Piccasso 302款。这款的材质是黄鼠狼毛，有力度易上妆，又柔软不会伤害眼部皮肤。

要是大风能刮来钱的话，我真想把各种贵的化妆刷都买回来，像百货商店的店员那样把它们都挂在腰间。有钱的话，还想买下所有同样颜色但不同质感的眼影。但是只要中不了乐透，这些都仅仅只是白日梦。唉~现实是多么残酷啊。为了咱们这些口袋瘪瘪的人，我列出了几种化眼妆时最常使用的工具。让我来告诉你用有限的化妆品刷化出无限美妆的秘诀吧。

E 用人造毛做成的扁状刷，可以用于刷眼影膏和遮瑕膏。天然毛可以很均匀地涂抹粉状眼影，人造毛则因为细菌繁殖较少，所以可以在涂抹眼影霜、遮瑕膏、唇膏等含水分的产品时安心使用。另外，人造毛刷不易散开，因此可以均匀涂刷。喜欢用眼影霜或没有遮瑕膏专用刷的朋友们可以考虑备上一支。我用的是Piccasso proof 08款。

F 极扁而短的眼线膏专用刷。用于涂眼线膏，可以让眼线笔画出的眼线更加自然。喜欢猫眼性感的朋友，还可以用眼线笔画完眼线后用眼线刷画出眼尾。喜欢小狗无辜眼神的亲们，只要用眼线刷在已经画好的眼线上晕染一下就可以了。我用的眼线刷是M.A.C 231款，它是一直陪伴我的完美伴侣。

G 最后就是万能的手指了。虽欠细致，但也可以用于化妆。服帖，显色好，不会飘粉，更是显出珠光感的最好工具。但是，指纹间很容易吸附珠光颗粒，多少会造成些不便。还有就是，手指因为比其他工具粗厚，所以在化狭窄部位和表现细节的时候就显得比较无能为力了。

我是百变妆女王

明媚清透的花漾春妆

与季节的女王——春一同迎来绚丽的着装，
但如果你依然化着暗淡、厚重的冬季妆容的话，
就不能被称为时尚达人了。
毕竟在春天，
我们应该高兴地去迎接各种化妆品品牌推出的新产品。
在这绚丽的春天，
让你变成比春还绚丽百倍的女王。

CHAPTER 3

变身清纯美少女

阳光心情

Pure Mine

有一天，你一直暗恋的师哥突然向你提出约会！从那一刻起便开始了无尽的苦恼：究竟穿什么好呢？究竟化什么样的妆好呢？千万不要为了给人家留下个好印象而过于贪心，化得像艺妓一样，白白的脸、红红的嘴唇就出去了！这样不自然的妆容只会让你与师哥间产生一条鸿沟。雀斑也能清晰可见的透明底妆，加上闪亮的眼妆，再配上能够淋漓尽致地散发羞涩小女生气质的珊瑚色腮红~！

从那天起，师哥每当想到你大概就会心跳加速了。

cheek & lip

珊瑚色膏状腮红
亮珊瑚色唇彩

make-up item

A 香草色眼影 M.A.C — Vanilla
B 珠光感强的米色眼影 The Body Shop — Shimmer Cubes Palette 19
C 珠光白色眼线笔 Etude House — Eye Glow Pencil No.2 Prism Gold
眼线笔 Banila Co — Style Eye Liner Pencil Chocolate Brown
睫毛膏 Maybelline — Volum' Express Mag Num Waterproof Mascara
唇彩 Make Up For Ever — Glossy Full Couleur 10 Powdery Coral
腮红 Bobbi Brown — Pot Rouge 21 Cabo Coral

用眼影刷把A涂抹在整个上眼睑，为眼部提亮。

把B抹在图中画线的区域内，粗细在1cm左右，均匀地涂抹1~2次。

把B涂抹在画线区域内，按照从外眼角到内眼角的方向涂抹，画到眼睑中部自然收尾。

用C来强调内眼角，从内眼角画到眼睑中间。这种白色珠光眼线笔可以让眼睛更大更有神。

从内眼角上方起画，呈C字形向下连接到下眼线上。

用棕色眼线笔画眼线，画出一条下垂的眼尾，长度在5mm左右。

轻轻按上眼睑，认真地填满眼睑空隙。

夹过睫毛后用睫毛膏来完成眼妆。看伤感的电影时很容易哭花眼妆，要是变成熊猫，师哥认不出你就完了！所以一定要用防水睫毛膏哦！

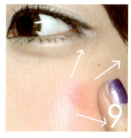

不要涂粉底，用手指蘸取少量珊瑚色膏状腮红，轻轻地按在脸上。顺着皮肤的纹理，用手指或粉扑轻轻地沿着箭头的方向晕开。这样就大功告成了！

第6步的小贴士 想让眼睛的线条看起来更清纯自然，画眼尾时就轻轻地画出一点下垂感。眼尾稍有上翘，你就要和清纯彻底说拜拜了。

比五月的蔷薇更耀眼的女神

金黄玫瑰

Golden Rose

这种妆是专门为那些怕眼睛浮肿而不敢用粉色眼影的亲们准备的。把金色眼影与粉色结合在一起使用，不仅不会让眼睛显得浮肿，反而会凸显西方的美感。这种妆法也很适合参加宴会哦。

cheek & lip

含有珠光的粉色腮红
能够突出眼妆的珊瑚色唇彩

make-up item

A 带有微微珠光效果的乳白色眼影 KATE
— Glam Trick Eyes BR 2
B 金色眼影 M.A.C — Goldmine
C 带有微微珠光效果的玫瑰粉色眼影 NYX
— Pigment LP07
眼线 Dior — Crayon Eyeliner Waterproof 594
Intense Brown
睫毛膏 Dior — Diorshow Extase 090 Black
Extase
唇彩 Bobbi Brown — Pot Rouge 21 Cabo
Coral
腮红 Benefit — Sugarbomb

把A涂抹于整个眼睑处，反复3~4次，直至显色明显为止。

把B抹在画线的区域内，反复3~4次，要画出深邃的效果。

用尖头刷把C涂抹在上眼睑的尾部。睁开眼睛时，只要双眼皮处有明显的颜色即可。

用眼影棒把C涂抹在所标出的范围内。

把C涂抹在下眼睑的中间处。与粉色眼影的交界处要处理得自然一些，轻轻地晕开即可。

把A涂抹在画线的区域内，反复2~3次，让眼妆更亮丽。

画眼线。画出一条水平的7mm左右的眼尾。

轻轻地按住上眼睑，用眼线笔填满眼睑。

填满下眼睑，画出眼线。

最后用睫毛膏来完成眼妆。

比巧克力更甜美的情人节女生

情人蜜语

大家都过情人节，难道不过就不行么？虽然这么想，但是要是不过总会觉得怪怪的。如果你和男朋友说："什么情人节啊，都是些商业手段啦，骗钱的！我可是很忙的人啊！"我想他一周之内应该都不会理你了。

如果你还没准备好巧克力，就送自己一份其他的礼物吧——甜美的妆容。再酷酷地来一句："比起巧克力，我要甜美多了！"

cheek & lip

甜美的珠光感粉色腮红
粉色珠光唇彩

make-up item

A 无珠光感的香草色眼影 M.A.C — Vanilla
B 珠光感强的粉色眼影 Etude House — Eye Secret PP901 Secret Purple
C 深棕色眼影 M.A.C — Twinks
D 珠光白色眼线笔 Etude House — Eye Glow Pencil No.2 Prism Gold
眼线笔 Banila Co — Style Eye Liner Pencil Chocolate Brown
睫毛膏 Maybelline — Volume Express Turbo Boost Waterproof Mascara
唇彩 M.A.C — Viva Glam V1 Special Edition
腮红 Benefit — Sugarbomb

为了让粉色眼影更加明显，先把A涂抹在整个上眼睑。淡淡地涂抹1~2次。

把B涂抹在双眼皮上线，宽度在1cm左右。

用尖头刷在所标出的范围内涂抹C，粗细在6mm左右。以画线区域的中部为中心，横向自然地涂抹，越向两端颜色要越淡。

在下眼睑从后向前涂抹C。

把D涂抹在画线的区域内。注意，不要涂抹内眼角。

用棕色眼线笔画眼线。

轻轻按住上眼睑，用眼线笔把睫毛根部之间的空隙填满。

避开黏膜，在下眼睑的后半部画出眼线。

夹卷睫毛后用睫毛膏来完成眼妆。

第4步的小贴士 画到下眼睑中间部分的时候要放松，轻轻地晕染，这样就会画出自然的层次感。

性感又深邃的卡其色烟熏妆

依兰绿味

提到草绿色你会想到些什么呢？我会想到绿巨人和螳螂，所以有点怕怕的。不知道是不是因为这样，我在化妆时也很少会用草绿色。想让脸颊看起来更红润，配色要选得合适不是吗？怎么搭配绿色眼影呢？

这种时候就选择黄绿色和灰绿色试试看吧。把这两种颜色混合在一起使用，就可以化出很高傲的烟熏妆哦。

cheek & lip

橙色腮红
珊瑚色或裸色唇彩

make-up item

A 珠光感强的乳白色眼影 Etude House — Petite Darling Eyes No.3 Cubic Lemon
B 黄绿色眼影 Etude House — Petite Darling Eyes Khaki Green
C 深灰绿色眼影 Bobbi Brown — Metallic Eye Shadow 4 Sage
D 珠光白金色眼线笔 Etude House — Eye Glow Pencil No.2 Prism Gold
眼线 M.A.C — Powerpoint Eye Pencil Buried Treasure
睫毛膏 Maybelline — Volum'Express Mag Num Waterproof Mascara
唇彩 Banila Co — Kiss Collector Color Fix BE109
腮红 Banila Co — Face Love Blusher 02 Love Letter

为了让下一步中涂的颜色更加自然，先把A涂抹在整个眼睑部。要选择偏黄色的暖色系的眼影。

把B涂抹在眼睑的前半部分。重复涂抹3~4次，让颜色更加明显。

把C涂抹在画线的区域内，睁开眼睛时能看到6mm左右即可。越靠近中间的部分颜色要越浅，与B交界的地方要自然地轻轻晕开。

避开黏膜，把C涂抹在整个下眼睑。从双眼皮尾部向内眼角涂抹，反复2~3次。

把D涂抹在内眼角的前部。从双眼皮线的前端自然向下画出C字形，然后一直连到下眼睑的中部，画得要自然一点。

微微闭眼，用黑色眼线笔画眼线，然后沿着眼睛的线条自然地画出8mm左右的眼尾。此时眼尾部分不要上翘。

轻轻按住上眼睑，睫毛根部之间的空隙很明显吧，用眼线笔把它填满。

画出下眼线，并填满眼睑的一半。

夹好睫毛后用睫毛膏来完成眼妆。

粉色与棕色的结合，打造粉嫩少女

格兰牡丹

Glam Peony

今天想变身为温柔少女试试么？可爱的粉色与棕色结合，那感觉就像吃长崎蛋糕一样！有好多朋友都听说粉色的眼影会让眼睛看起来肿肿的，所以连试都不敢试。千万不要这样啊。把它与棕色自然地、有层次地相结合，会有很不可思议的效果哦。作为日妆也很适合，想变身少女的亲们，尝试一下吧。

cheek & lip

粉色腮红
珊瑚色唇膏

make-up item

A 白色眼影 M.A.C — Pearl Matte Eye Shadow
B 带有微微珠光效果的粉色眼影 M.A.C — Pink Venus
C 带有微微珠光效果的棕色眼影 KATE — Glam Trick Eyes BR 2
D 珠光感强的乳白色眼影 M.A.C — Retrospeck
眼线 Dior — Crayon Eyeliner Waterproof 594 Intense Brown
睫毛膏 Dior — Diorshow Extase 090 Black Extase
唇彩 Bobbi Brown — Pot Rouge 21 Cabo Coral
腮红 Benefit — Dandelion

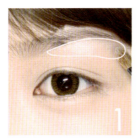

用眼影刷把A淡淡地涂抹在画线的区域内。

用B涂抹在上眼睑的一半，睁眼时能看出1mm左右即可。反复涂抹2~3次。

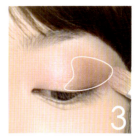

把C涂抹在画线的区域内，反复3~4次。以双眼皮线为基准，横向涂抹，中间部分颜色要深一些，越接近眉骨的地方颜色越要浅。

把C涂抹在下眼睑，粗细在5mm左右，反复涂抹2~3次。

把D涂抹在上眼睑的中间部分，少量涂抹，达到提亮的效果即可。

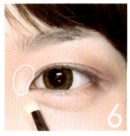

用尖头刷把D涂抹在画线的区域内。在内眼角凹陷处，宽度在7mm左右即可。

用棕色眼线笔画眼线，眼尾长5mm左右。化这种妆时，最好不要画下眼线。

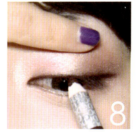

轻轻按住上眼睑，用眼线笔把睫毛根部之间的空隙填满。

夹卷睫毛后用睫毛膏来完成眼妆，不要忘记刷下睫毛哦。

第1步的小贴士 化眼妆时，如果强调眉骨的线条，会给人以西方的美感，还可以更突显眼影的颜色。但是注意不要使用有珠光的产品哦。光照下，眉骨过于突显会感觉很奇怪的。

第5步的小贴士 化这一步时千万不要用力，在眼睑的中部以1字形轻轻地横向涂抹即可。这一步能做好的话，妆容就达到了专业化妆师的水平啦。

相亲专用升级版清纯粉嫩妆容

娇羞美人

很多人都说相亲成功的关键就在于要清纯羞涩。所以大家都知道清纯妆容的重要性了吧。想变得清纯可人，其实并不难。只要使用与肤色相似的浅中色系的眼影，再省去下眼线就可以啦。再配合闪亮眼线液的使用，就更加完美了。获得二次约会邀请的几率绝对是百分之百哦！

cheek & lip

无珠光感的亮粉色腮红
浅粉色唇彩

make-up item

A 带有微微珠光效果的米色眼影 Etude House — Eye Secret OR201 Secret Orange
B 带有微微珠光效果的浅棕色眼影 Bobbi Brown — Shimmer Wash Eye Shadow 22 Copper Sand
C 闪烁眼影 KATE — Glam Trick Eyes BR 2
闪亮眼线液Etude House — 水滴光彩眼线液 1号
眼线笔 Banila Co — Style Eye Liner Pencil Chocolate Brown
睫毛膏 Dior — Diorshow Extase 090 Black Extase
唇彩 Canmake — Pop'n Jelly Gloss 03
腮红 Etude House — Lovely Cookie Blush 02 Rose Cookie

Shyness

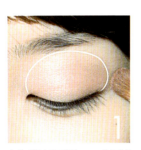   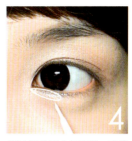

在睁眼时能看到5mm的区域内涂抹A，从眼睑中部向两侧均匀涂抹。

把B涂抹在整个双眼皮线部分，睁眼睛时只要在双眼皮线处能看到颜色即可。若是单眼皮，睁眼时能看到2mm左右即可。

用眼影棒把C抹在画线的区域内，它会让你的眼睛在眨眼的时候闪闪发亮。

用闪亮眼线液画下眼线，宽度在2mm左右。

用棕色眼线笔画眼线，眼尾要水平，大概画出5mm即可。

轻轻按住上眼睑，用眼线笔填满眼睑。

夹好睫毛后用睫毛膏刷上下睫毛。

第3步的小贴士 珠光感强的产品如果使用不当的话，很容易让整张脸都闪闪的。化妆的时候，稍稍用力地按上去，亮粉就不会乱飞了。

第5步的小贴士 最好选用棕色的铅笔型眼线笔，这样感觉才会自然。化这种妆时千万不要画下眼线，控制不好很容易就会化成浓妆哦。

"负担感 DOWN！魅力 UP！" 蜡笔嫩绿妆

薄荷巧克力

看了春季杂志就会发现，大部分的妆都是由粉色、绿色等鲜艳的颜色化成的。指着杂志中的化妆品，"我要买这个"！但是照着杂志化完妆，人却仿佛成了要走时装秀的模特，夸张得很是难堪。但是要是让新买的眼影就这样放在那，直到它硬得像土块一样，岂不是很可惜么？让我来告诉你，解决所有这些问题的关键就是棕色。大胆地涂完蜡笔绿色的眼影后，再涂一层棕色眼影，妆容就会变得很自然啦。

cheek & lip

浅粉色腮红
珊瑚色系的唇彩

make-up item

A 带有微微珠光效果的浅绿色眼影 M.A.C — Pearl Matte Eye Shadow

B 珠光感强的薄荷色眼影 Etude House — Eye Secret Mint Choco

C 带有微微珠光效果的棕色眼影 Etude House — Eye Secret Mint Choco

D 珠光白色眼线笔 Etude House — Eye Glow Pencil No.2 Prism Gold

眼线笔 Banila Co — Style Eye Liner Pencil Chocolate Brown

睫毛膏 Dior — Diorshow Extase 090 Black Extase

唇彩 Make Up For Ever — Glossy Full Couleur 10 Powdery Coral

腮红 Benefit — Dandelion

Mint Choco

用尖头刷把A涂在画线的区域内，反复涂抹3~4次。上眼睑尾部多画出7mm也可以。

用尖头刷把B涂在画线的区域内，轻轻地涂抹2~3次。

用尖头刷把C涂在画线的区域内，睁开眼睛时只在双眼皮线处看到颜色即可。

避开黏膜，把C涂抹在下眼睑的后半部分。与第3步画好的部分自然地融在一起，放松手腕，轻轻地涂抹1~2次即可。

在画线的范围内涂抹D，画得薄一些，不要超过3mm。画的时候要注意避开黏膜。

用棕色眼线笔画眼线，填充整个眼睑部分。然后画出6~7mm长的水平眼尾。下眼线省略不要画。

夹好睫毛后用睫毛膏刷上下睫毛。春季少女，变身完毕！征服调皮的薄荷色的方法，就是这么简单！

 第3步的小贴士 上眼睑涂眼影的部分与没涂眼影的部分之间会有很明显的分界线，所以要用食指轻轻地晕开。

眼睛不再浮肿，性感的玫瑰色妆容

蔷薇花蕾

自然的淡粉色妆容，可以让你在清纯粉嫩的同时不失性感，眼睛浮肿的亲们也可以尝试一下这种妆。底妆融入深色系的棕色，会让妆容多一份稳定感。摘下少女的面具，散发一下玫瑰般华丽的魅力吧。

cheek & lip

浅粉色腮红
浅粉色唇膏

make-up item

A 珠光感强的米色眼影 The Body Shop
— Shimmer Cubes Palette 19
B 带有微微珠光效果的粉色眼影 M.A.C
— Pink Venus
C 带有微微珠光效果的深棕色眼影
M.A.C — Twinks
闪亮眼线液 Etude House — 水滴光彩眼线液1号
眼线 M.A.C — Powerpoint Eye Pencil
Buried Treasure
睫毛膏 Dior — Diorshow Extase 090 Black
Extase
唇膏 M.A.C — Angel
腮红 Benefit — Dandelion

Rosebud

把A轻轻地涂抹于整个眼睑
处，反复2~3次。

把B涂抹在画线的区域内。不
要用眼影刷去重复蘸取眼影，
把剩余的眼影横向扫开即可。

把C涂抹在画线的区域内，注
意不要超过眉骨。

沿着从外眼角向内眼角的方向
涂抹C，画到眼部中间即可。这
样可以让眼部线条更明显。重
复涂抹3~4次，颜色要稍稍深
一点。

用闪亮眼线液画下眼线的前
端，画得薄一些，不要超过
3mm。

用黑色眼线笔画眼线，睁开眼
睛时眼尾要保持水平，长度在
7mm左右。

充填整个下眼睑，不要与上眼
线的眼尾处连在一起。

夹卷睫毛，最后用睫毛膏来完
成眼妆。

第5步的小贴士 深粉色会让人看起来很疲惫，所以用浅粉色吧。

户外野餐最闪耀的橙色妆

橙红苏打

这次我使用了比橙色更贴近红色系的橙红色，它可以让我看起来更女人。

因为不是纯橙色，所以很适合春妆哦。

嘴唇和脸颊都涂上自然的橙色，再配上颜色合适的衣服，是不是很清爽啊？

啊~真想做好三明治马上就去野餐呢！

cheek & lip

橙色腮红
珊瑚色唇彩

make-up item

A 珠光感强的米色眼影 The Body Shop — Shimmer Cubes Palette 19

B 珠光感强的橙色眼影 Banila Co — Two Eyes Shadow 31 Gossip Girl Orange

C 珠光感强的米色眼影 Missha — The Style Shinning Stick Eyes CR01

眼线 M.A.C — Powerpoint Eye Pencil Buried Treasure

睫毛膏 Dior — Diorshow Extase 090 Black Extase

唇彩 Bobbi Brown — Pot Rouge 21 Cabo Coral

腮红 Banila Co — Face Love Blusher 02 Love Letter

Vermilion Soda

把A涂抹在画线的区域内，也就是整个眼睑的前半部分。

把B涂抹在眼睑的后半部分，反复涂抹3~4次。眼尾处要多画出7mm左右。

避开黏膜，把C涂抹在整个下眼睑，粗细在5mm左右。

把珠光粉涂抹在米色与橙色两种眼影中间。为了不让珠光粉散到别处，要用刷子把它紧紧地按住。

用黑色眼线笔画眼线，轻轻按住眼睛，把睫毛根部涂满。下眼线省略不要画。

画出7mm左右的眼尾，睁眼时，保持整体水平即可。

夹卷睫毛，最后用睫毛膏来完成眼妆。

让香肠般的嘴唇变薄

嘴唇厚的朋友，无论涂了什么样的唇膏都会让嘴唇显得更厚，还会被人无情地称为"香肠嘴"。有没有什么方法能让嘴唇变得薄一些呢？其实很简单。先准备一支无珠光感的深色唇膏，和一支裸色的唇膏！

make-up item
A 深棕色 Estee Lauder — Pure Color Long Lasting Lipstick 123 Fig
B 米色唇彩 Banila Co — Kiss Collector Color Fix BE109

微张的红润嘴唇是性感的代名词。但如果你微张的嘴唇是干巴巴的，还微微发暗，别说性感了，人家会以为你是病床上的患者。病人与辣妹的差别就在于唇妆！很多会化妆的人也常常会被唇妆难倒。如果不想让失败的唇妆毁了这个妆容，现在就要集中注意力喽！

这是我化妆前厚厚的嘴唇。下面就要开始了哦。

需要把原来的唇色遮盖住，选择与肤色相同颜色的粉底液或遮瑕产品，轻轻地拍在整个唇部

用唇刷和A画上唇唇线，粗细不要超过1mm，否则会显得不自然。选择深红色系的产品也可以，不用唇膏用深色的唇线笔也没问题。

用A沿着下唇边缘，向内以1mm的粗细画出唇线。

把B涂抹在整个唇部，不要超出在第3步和第4步中画好的唇线。把交界线处理均匀，嘴角也需要细心地涂抹。

完成了！觉得怎么样呢？是不是觉得嘴唇薄了呢？

画出朱莉的性感双唇

安吉丽娜·朱莉丰满的嘴唇真是魅力十足，不仅在美国，在韩国也常常被人称道。使用有丰唇效果的产品或通过整形自然不用说，其实单凭化妆也可以打造出丰满的双唇。这种唇妆很适合嘴唇较薄，或者追求性感双唇的朋友。与烟熏妆配合起来就更完美了。好了，下面让我们一起来体验拥有朱莉般丰盈的双唇的快感吧。

make-up item

A 粉色唇线笔 MISSHA — The Style Soft Stay Lip Liner PK01

B 唇膏 M.A.C — Angel

C 珠光感强的粉色唇膏 Estee Lauder — Pure Color Long Lasting Lipstick 161 Pink Parfait

D 无珠光感的白色眼线笔 The Body Shop — 05 Eye Definer Shade White

E 透明唇彩 Lunasol — Full Glamour Gloss 09 Shining Beige

这是化妆前的嘴唇。我的嘴唇是不是比较厚啊。

用A往唇峰方向画上唇线,注意画的时候要超出嘴唇边缘外1mm。使用粉色或裸色的唇线笔,如果用其他颜色的唇线笔一定要与唇膏颜色保持一致。

用A沿着箭头的方向画下唇线,与画上唇线时一样,要超出嘴唇边缘外1mm。

用B涂抹在整个嘴唇,抹的时候要细心点。

把C抹在下嘴唇的中央部分,这样能使嘴唇显得更丰满。用食指将白色珠光粉轻轻点上即可。

用D沿着箭头的方向画唇峰,注意不能涂得太重,不然会像刚喝完牛奶一样,只要轻轻点一下就可以了。如果涂重了,就用手指轻轻地把它晕开。

把E涂抹在上下嘴唇,按照从中央到两边的方向抹。使用有丰唇效果的产品也是很有效的哦。

丰满性感的唇妆就完成了。

精巧红唇的画法

在地铁上碰到穿着时尚画着红唇的女孩儿，不免会发出"好有感觉啊"的感叹。但是只要唇膏稍稍画到唇角外面一点，这种感觉马上就会消失了。画好红唇的关键就在于画好唇线。如果你没有与唇膏颜色一样的唇线笔，可以用唇刷醮取唇膏来代替哦。

A

B

make-up item

A 遮瑕膏 Benefit — boi-ing
B 红色唇膏 Banila Co — Kiss Collector Color Fix RD322

用海绵扑蘸取A，轻轻地抹在嘴唇上，可以帮助突出口红颜色。

沿着箭头的方向用B画上唇线，不要过于强调唇峰，要画得自然一些。我没有红色的唇线笔，就用B代替了，用唇线笔画的唇线持久力更强哦。

下嘴唇的唇线也按照箭头的方向来画。

张开嘴，画好嘴唇两角。

用唇刷蘸取B画嘴唇，直接用唇膏涂抹很难涂均匀，而且嘴角也不容易画到，所以要用唇刷。

用修容刷把A抹在嘴唇外廓，整理唇线。用小的眼线刷也可以。

涂完遮瑕后用手指把它晕开。

精巧的唇妆也不是很难吧？

呼唤香吻的樱桃蜜唇
层次分明的唇妆

丰满的樱桃蜜唇，让人很想吻下去！不用羡慕，用分层次的画法就可以轻松画出。这种唇妆看起来很难，但其实一点也不难。只要在上唇画只海鸥，下唇画个半月，无论嘴唇是薄是厚，都可以画出这种层次分明的效果。但是有着企鹅唇的亲们在画上唇的时候，要画半月才好看。

A   B   C

make-up item

A 遮瑕膏 Benefit — boi-ing
B 粉色 Tint Etude House — Fresh Cherry Tint（#2. Pink）
C 透明唇彩 Lunasol — Full Glamour Gloss 09 Shining Beige

这是上妆前的嘴唇。

把A轻轻地打在唇上，来遮盖原有的唇色，要用与皮肤颜色一样的遮瑕产品。想让唇妆层次分明的话，底色要尽可能地亮一些。

把B抹在如图表示区域内，用刷子在嘴唇内侧横向涂抹，然后在刷子上的液体尽可能少的情况下涂抹嘴唇外侧，要画出层次感。

把B抹在如图表示区域内，抹在上嘴唇的内侧。涂抹的方法与第3步相同。注意，上下唇线3mm以内不要涂抹。

用C涂抹整个嘴唇，只要不遮住嘴唇的颜色，即使有颜色或者带有珠光也没有关系。粉底液和Tint唇彩是没有水分的，所以为了防止嘴唇干燥，一定不要忘记涂透明的唇彩或润唇膏哦。

樱桃蜜唇不是很难吧？防水的Tint唇彩不会晕妆，所以即使吃完饭也不需要麻烦地补妆。

 第4步的小贴士 唇线向内3mm的范围内，一定不要涂抹Tint唇彩。

自信满满的 "hot girl" 都知道!

度假黄金季　夏妆X-file

好多人都有这样的体会:
在油脂和汗水的疯狂攻击下,精心化的美妆不到1小时就花掉了。
梅雨季节潮湿难耐,不快指数剧增。还化什么妆啊,哪有那个心情嘛。
但是,漫长的夏天又不能仅靠BB霜和防晒霜来维持度过。
而且,这还是让我们等待了一年的度假黄金季!
步步紧随的太阳和酷暑防不胜防,就让我们勇敢面对吧!
夏天来了,让我来教给大家时尚hot girls的化妆诀窍!

CHAPTER 4

让你成为假日公主的蓝色妆容

深蓝翡翠

为了去海边精心准备了蓝色海滩裙。旅行途中需化简单而淡淡的妆容？ NO！

在与朋友们的集体照片中，想一眼就被认出，就需要吸引大家视线的妆容。

要成为大家的焦点，请选择绿色和蓝色彩妆。

大胆的颜色极具视觉冲击力，让我们以这样的妆容来迎接一个不一样的夏天吧！

cheek & lip

杏色腮红
艳粉色唇膏

make-up item

A 翡翠色眼影 M.A.C — Brill
B 深绿色眼影 The Body Shop — Shimmer Cubes Palette 19
C 蓝色眼影 The Body Shop — Shimmer Cubes Palette 19
D 香草色眼影 M.A.C — Vanilla
眼线 M.A.C — Fluidline Blitz & Glitz
睫毛膏 Dior — Diorshow Extase 090 Black Extase
唇膏 MAC — Pink Nouveau
腮红 Benefit — Dandelion

Jade

放平眼影刷，在线所标出的范围内均匀涂抹A。涂抹范围约为眼窝的一半，睁眼时可见5mm左右即可。反复涂抹3~4次，让它更加服帖。

将眼影棒垂直于皮肤，在线所标出的范围内涂抹B。上眼睑脂肪层厚或单眼皮的亲们，睁眼时可见1mm左右即可。

在画线范围内涂抹C，从与翠绿色眼影重叠处开始，左右来回晕染。这样就会出现鲜明的层次。

在画线范围内涂抹D，即在眉骨处上高光。

避开黏膜在下眼睑处涂抹D，轻轻地反复扫2~3次。

用黑色眼线膏勾勒眼线。

轻压上眼睑，小心描绘，睫毛间空隙也要填满。

在眼尾向眉尾方向延长描绘8mm左右。不要画下眼线哦。

用睫毛膏刷上下睫毛。夏季旅行准备完毕！

动感又时尚的蓝色烟熏妆

蓝色摇滚

家里都有一款蓝色眼影吧?

一提到蓝色眼影,就有一种紧张感。

但含珍珠或猫眼石色闪亮粒子的蓝色眼影会给人活泼的感觉。

将修容粉打在脸颊和下巴上,就可以化出夏天最棒的妆容了。

与化妆台上的蓝色眼影一起挑战时髦的蓝色烟熏妆吧。

cheek & lip

浅棕色修容粉(Bronzer)
橙色唇膏

make-up item

A 深蓝色眼影 Bourjois — Smoky Eyes Trio Blue Rock 07

B 蓝色眼影 Bourjois — Smoky Eyes Trio Blue Rock 07

C 浅蓝色眼影 Bourjois — Smoky Eyes Trio Blue Rock 07

眼线 M.A.C — Powerpoint Eye Pencil Buried Treasure

睫毛膏 Maybelline — Volum' Express Mag Num Waterproof Mascara

唇膏 Etude House — Orgel Light Dear Darling Ultra Shine Lips 4 Orange Shine

修容粉(Bronzer) The Body Shop — 02 Hot Bright Blush

Rock On Blue!

用眼影棒蘸取A，在标记的双眼皮线以内反复涂抹4~5次。这种妆容是要在深色系眼影上添加浅色系眼影，勾勒出层次感。

在下眼睑处涂抹A约4mm，填满下眼睑，但要避开眼角。

标线内涂抹B，与第1步中画的A形成层次感。

将C涂抹在标记的眉骨上，轻轻地涂抹1~2次，画出淡淡的颜色。

在眼窝中心轻轻涂抹C2~3次，有立体感的妆容在微闭眼睛时会发出自然的光。

用小刷子在眼睑前部呈"C"字涂抹C。

用黑色眼线笔在眼尾向眉尾方向延长描绘6mm。越往上线条要越粗哦。

轻压上眼睑小心描绘，填满睫毛间的空隙。

睫毛根部画眼线，注意下眼线不要连到上眼线的尾部。

最后夹好睫毛，再涂抹睫毛膏。

第6步的小贴士 在内眼角画"C"字的时候，先在眼角最尖的地方点一下，然后沿着由上眼睑到下眼睑中部的方向轻轻晕开。这样眼妆会更自然。

炫目一夏的深灰绿烟熏妆

炫耀朋克

要做好准备哦，我们马上就要变身令人窒息的时尚女郎啦。

要享受超强烟熏妆记得以下两点：

1.嘴唇颜色不要太艳，否则会吓死男朋友，让他以为你是从地狱来的。

2.要搭配黑色系的衣服。

配合艳丽的美甲，和一群化着烟熏妆的朋友们，一起享受我们的妆容吧。

准备好了吗？Let's go!

cheek & lip

淡粉色腮红
裸色唇彩

make-up item

A 珠光感强的乳白色眼影 M.A.C — Retrospeck

B 深灰绿色眼影 Bobbi Brown — Metallic Eye Shadow 4 Sage

C 黑色眼影 KATE — Glam Trick Eyes BR 2

眼线 Kate — Super Sharp Liner BK1

睫毛膏 Dior — Diorshow Extase 090 Black Extase

唇膏 Banila Co — Kiss Collector Color Fix BE109

腮红 Benefit — Dandelion

Strut Punk

在整个上眼睑处涂抹3~4次A，因为是浓妆，所以要选择珠光感强的眼影。

从眼角到眼尾慢慢移动刷子涂抹A，眼角处要画得重一些才好看。

从上眼睑尾部至中央均匀地晕染，睁开眼睛时可见7mm左右即可。反复涂抹4~5次。

用眼影刷在下眼睑处涂抹B，6mm左右即可。避开眼角，从头到尾涂抹，颜色要深一些。

在眼睑尾部呈"C"字涂抹眼影，下眼线的尾部要与上眼睑的眼影重合。

用眼影棒在标线内涂抹C，反复3~4次，加深颜色。

用眼影棒涂抹C，从下眼睑的尾部涂向中间部分，约4mm宽。用眼影棒的尖头部分蘸取眼影，垂直于眼睛，从后往前反复涂抹2~3次。

微闭眼睛，用防水眼线笔或眼线膏，从眼窝的中部向眼尾慢慢描绘眼线。然后从眼角开始，轻轻地点着画眼线，连接到中间断开的部分。眼线的粗细不要超过1mm。

轻压上眼睑小心画内眼线，睫毛间空隙也要填满。

眼线厚度约为2~3mm，眼尾向上延长描绘1cm，线条要逐渐加粗。

沿着眼睛的线条画下眼线，画到眼尾部时停一下。睁开眼睛，在双眼皮褶皱的末端将上下眼线连接在一起。

夹过睫毛后，以睫毛膏来完成眼妆。穿上准备好的黑色系衣服，一起去享受朋克吧。

第6步的小贴士 在涂深色眼影和粉末亦散开的眼影时，一定要用眼影棒。

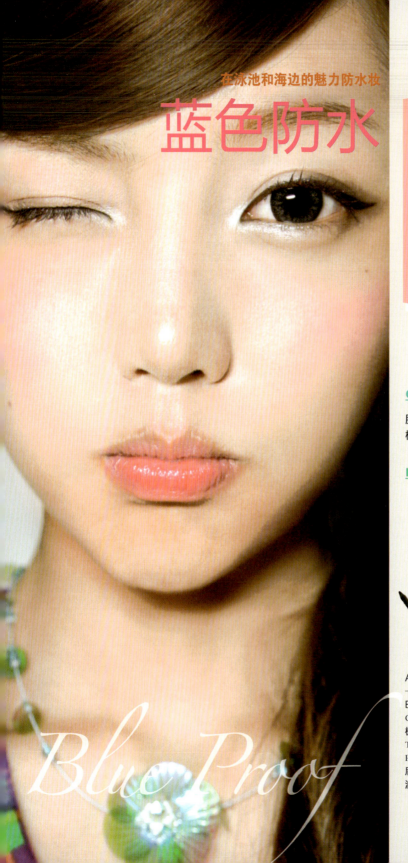

在泳池和海边的魅力防水妆

蓝色防水

彩妆最大的敌人就是出油和水分。

然而在游泳馆和海水浴场，这两者就无法避免了。

炎热的夏天精心化好的彩妆一转眼就花了。

跟男朋友游泳，对他说"来抓我啊~"结果从水里出来他竟然没认出我。

无需再烦恼。我为大家准备了既能锁住肌肤水分，又不受油脂影响的妆容。

cheek & lip

腮红和唇彩都选用粉色或橙色系的Tint

make-up item

A 带有微微珠光效果的翡翠色眼影 M.A.C — Brill

B 眼线笔 Banila Co — Style Eye Liner Pencil Chocolate Brown

极细眼线笔 Kate — Super Sharp Liner BK1 Tint Etude House — Fresh Cherry Tint（#2. Pink）

眉毛膏 Palty — 染眉膏，金棕色

润唇膏 Gal Collection — Strawberry

Blue Proof

face 皮肤的天敌——紫外线，抵挡，抵挡，再抵挡

用妆前乳调整皮肤颜色后涂抹保湿霜，用掌心包裹住面颊，让每一滴面霜都能被肌肤完全吸收。

去游泳馆或海水浴场，皮肤会长时间裸露在紫外线中，所以要选择SPF30以上的防晒霜。为了让肌肤能更好地吸收，要在入水前20~30分钟时涂抹。

薄薄地涂抹有防紫外线作用的BB霜。这样可以缓和因受紫外线照射而发红的肤色。

eye 游泳时也不用担心的美丽眼妆

用粉扑蘸取蜜粉，轻轻按在眼窝及其周围，使其更加服帖。蜜粉可消除皮肤上多余的油分。

精心画好的眉毛很容易被水冲刷掉，变得像蒙娜丽莎一样，岂不太丢人了。因此，可选用透明的睫毛膏或眉毛专用眉毛膏。

将B涂抹在手背上，眼线液干掉之前迅速进入第4步。

用干净的眼线棒蘸取手背上的眼线液。

从眼尾往前涂抹B，至上眼睑中部，睁眼时隐约可见即可。

用小刷子在下眼睑前部涂抹A，粗细约5mm，反复涂抹3~4次，直到颜色清晰可见。

眼角处也涂抹A，与下眼线相连。这样可以让眼睛更大更有神。

用防水眼线笔描绘眼线，睫毛间空隙也要填满。

cheek 粉嫩可爱的脸颊

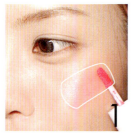

用粉色Tint来代替腮红，将刷头放平，轻轻地只涂一次。

第1步结束后，用手指由里向外迅速晕开。这样才能涂得均匀。

Pony的夏妆小贴士 女人在任何时候都不能放弃上翘的睫毛。但若用普通的睫毛膏一遇到水就会变成熊猫眼，而防水睫毛膏又很容易结块，影响妆容。当然，选用透明睫毛膏就可避免上述尴尬状况了。至于那些连透明睫毛膏都没有的朋友，就要靠润唇膏来解救了。

方法很简单，先用睫毛夹夹卷睫毛。再用棉棒蘸取润唇膏，像涂睫毛膏一样涂抹睫毛，睫毛会变得更加自然、发亮。我选用的是红色润唇膏，润唇膏颜色很淡，所以即使选择红色也可以。黑色的睫毛上涂抹红色的润唇膏，会产生褐色的效果。不喜欢浓妆的朋友，可用润唇膏来替代睫毛膏试试哦！

水滴般晶莹诱人的透明古铜妆

古铜色水滴

夏季，化浓浓的棕色妆很是难为情，化蓝色系的妆容又过于大胆、华丽。

同样是棕色系，如果使用近似橙色的亮色系眼影，就可以大大减轻浓厚、压抑的感觉。连Bronze怎么写都不知道的初学者也可以马上学会的透明Bronze彩妆！

准备好了么？那么就开始喽。

cheek & lip

棕色修容粉

透明的珊瑚色唇彩

make-up item

珠光感强的乳白色眼影 M.A.C — Retrospeck
偏橙色的带有微微珠光效果的棕色眼影
he Body Shop — 02 Hot Bright Blush
珠光感强的金色眼影 M.A.C — Goldmine
线膏 M.A.C — Fluidline Blitz & Glitz
毛膏 Dior — Diorshow Extase 090 Black
xtase
彩 Make Up For Ever — Glossy Full
ouleur 10 Powdery Coral
修容粉（Bronzer）The Body Shop — Hot
right Blush
高光粉 M.A.C — Hyper Real Pressed
Varm Rose FX

Bronze Dew

将A均匀涂抹在整个上眼睑。

在标线范围内横向涂抹B，睁开眼睛时能够露出3mm左右即可。浅浅地涂2~3遍。

用B涂好下眼线，粗细在5mm左右。同样，浅浅地涂2~3遍即可。

在上眼睑中央部分，由上到下轻轻扫上C，2~3次。眨眼时会有如太阳温暖、耀眼的效果哦。

用黑色眼线膏画眼线。画出5mm左右的眼尾，要保证睁眼时眼睛的整体线条水平。画下眼线会有压抑感，所以要省略掉。

轻压上眼睑，把睫毛间空隙填满。

现在，就要化如露水般晶莹透明的眼妆啦。用棉棒蘸取凡士林或透明的唇彩或透明的软膏，涂抹在下眼睑中间部位。

将同样的产品用手指轻轻涂在内眼角处，在光线的照耀下，会让眼睛看起来更水润。

夹过睫毛后涂睫毛膏。普通的睫毛膏受之前涂过的润滑产品影响，会很容易花掉，所以要记得用防水睫毛膏哦。

cheek & shading 要自然，轻轻地柔柔地

用粉底刷蘸取腮红，沿着从太阳穴到嘴角的方向，轻轻扫3~4次。如果找不好位置，就在图中所标出的范围内涂抹即可。在扫2~3次后，要记得用手轻轻敲一敲刷把，调节一下用量。

沿着脸部线条，轻轻地涂抹修容粉。从下巴尖开始，向着太阳穴的方向，向上刷。不要过于强调V字线条，否则会变成戏装的。让脸部产生一种暖暖的感觉，轻轻地刷1~2次即可。要知道，喝玉米修颜茶喝到吐也比不上这几刷哦。

highlight 重点在于把握需要提亮的部位

沿着从颧骨到嘴角的方向，斜向刷E。这样会让脸在光线下看起来更小。

按照鼻梁—唇峰—下颌的顺序涂E，轻轻地扫2~3次。在这些部位上高光，可以将脸的中间部分提亮，使整张脸看起来更小。

忙碌的早上，咻~搞定一切

单凭眼影完成的美妆

越是忙碌的早晨，越需要在皮肤上多下工夫。花7分钟化好干爽的底妆，再花3分钟用同一块眼影涂三下，即可完成适合上班族的日妆。7：3，一定要记住哦！

cheek & lip

桃红色腮红
樱桃色唇彩

make-up item

A 珠光感强的乳白色眼影 M.A.C —
Retrospeck
眼线 M.A.C — Powerpoint Eye Pen—
Buried Treasure
睫毛膏 Dior — Diorshow Extase 0⁹
Black Extase
唇彩 Lancôme — Juicy Tubes 17 Fraise
腮红 Benefit — Dandelion

都说每次外出前，女生的房间里都会爆发一场小型战争。平时随手扎的马尾也要散开，让秀发微微散发出洗发露的香气；不知道穿了几天的家居服也要换成连衣裙。但最重要的还是化上让自己焕然一新的美丽妆容。在这里，我为每天早晨上班前忙得不可开交的MM们准备了既方便又快捷，而且效果满分的化妆法。

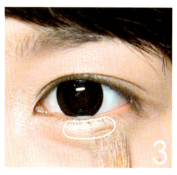

用眼影刷在线所标出的范围内涂抹A，为了避免多余的粉散落，要用粉刷轻轻地按压。为了节省时间，就不用涂抹眼部遮瑕了。

将眼影刷立起来，在内眼角凹陷处涂抹A，反复1~2次。这样会给人很甜美的感觉哦。

将眼影刷立起来，在下眼睑中间部分涂抹A。横向轻轻地扫上去即可。

采用黑色眼线笔画眼线，填满黏膜处的空隙。眼尾处延伸5mm左右，下眼线不用画。

夹卷睫毛后涂好睫毛膏就可以去上班了，10分钟全部搞定！

特别企划：100%提升眼镜魅力的魔法妆容

戴渐变色太阳镜的日子要着重画好下眼线！

棕色阴影

Brown Shade

素颜或眼睛浮肿时经常使用的墨镜！

但到了晚上或进入室内就不得不摘掉了吧？

在此，我为各位朋友准备了这种神奇的妆容。让你无论是在戴上墨镜时，还是在摘下墨镜后，都能够自信满满，魅力无限！

cheek & lip

淡粉色腮红
浅粉色唇膏

make-up item

A 浅棕色眼影 Bobbi Brown — Shimm Wash Eye Shadow 22 Copper Sand
B 深棕色眼影 M.A.C — Twinks
C 珠光感强的米色眼影棒 Missha — T Style Shinning Stick Eyes CR01
眼线膏 M.A.C — Fluidline Blitz & Gli
睫毛膏 Dior — Diorshow Extase (Black Extase
唇膏 M.A.C — Angel
腮红 Benefit — Dandelion

在画线以内的部分涂抹A，反复2~3次。

用尖头刷在线所标出的范围内涂抹B，横向轻扫3~4次。

将C涂在画圈的部分。戴渐变色太阳镜的时候，在下眼线上多下些工夫会更美哦。

轻压上眼睑，用睫毛膏画眼线，仔细填满睫毛间空隙。

再用睫毛膏下眼线，填满眼睑。如果只画上眼线，会显得下眼线光秃秃的。所以下眼线也一定要画好哦。

夹卷睫毛后涂睫毛膏，妆容就完成了！

第2步的小贴士 请选用比上眼睑所用眼影暗一个色号的眼影来画下眼睑，这样可以使这个眼妆看起来更平衡。

戴方框眼镜依然很潮！

时尚眼尾

你在戴方框眼镜时会化什么样的妆呢？

化妆时一个不小心，就会从干练的职业女性变成找不到男友的老处女哦。

接下来我介绍的这种淡化眼影、突出眼线的妆法，将让你的眼睛更显清秀。即使镜片反光，也遮不住你的媚眼。

cheek & lip

浅粉色腮红
让眼线更加活泼、柔和的橙色或珊瑚色唇膏

make-up item

A 珠光感强的乳白色眼影 M.A.C Retrospeck
B 珠光白色眼线笔 Etude House — Glow Pencil No.2 Prism Gold
C 眼线膏 M.A.C — Fluidline Blitz & G
睫毛膏 Dior — Diorshow Extase 0
Black Extase
唇膏 Etude House — Orgel Light D
Darling Ultra Shine Lips 4 Orange Shine
腮红 Benefit — Dandelion

Chic Angle

在线所标出的范围内涂抹A，从上眼睑中央开始向左右晕染开，反复3~4次。再用刷子上残留的眼影涂抹眼角处2~3次。喜欢淡妆的亲们可以直接跳过此步骤。

用B在线所标出的范围内画下眼线。戴眼镜时下眼睑会比上眼睑更显眼，所以要选用珠光感强的产品。

用C画眼线，要将空隙仔细地涂满。

用C画出一条上翘的眼尾，沿着下眼睑的轮廓向上延伸的方向，画得圆润一些。

用C从眼尾向下眼睑中部画眼线，贴紧黏膜外沿画即可。

画好眼尾后，像画画一样，把眼尾部位空白的地方涂好。

把画有下眼线部位的眼睑填满。我相信各位一定比我了解画与不画的差别。

夹卷睫毛后给上下睫毛刷上睫毛膏。外表冷漠内心丰富的方框眼镜妆容，就这样完成了！

再次回到化妆台前

变身为浓浓风韵的
秋季女神

漫长的夏日，妆容虽然换了又换，
但是每天忙于生活，化妆变得毫无乐趣。
凉爽的秋天来了，让我们重新回到化妆台前吧！
秋季妆的重点就在于充分展现你我的女性美。
随着眼影颜色的加深，眼眸也更显深邃。
让我们一起来发掘都市女性的孤傲魅力吧。

CHAPTER 5

淡雅棕色烟熏妆

刚开始还被人们鄙视的烟熏妆,不知从何时开始吸引了人们的注意,现在更是人气爆发啊。

我相信以后也会有更多的人爱上烟熏妆的。

但遗憾的是,由于东方人眼睛特有的结构,深色的烟熏妆不是谁都适合的。

想追赶流行时尚,但是又不适合我;想化淡妆,但又过于乏味。好烦啊!

但现在放弃,有点早哦!

在此,我将向大家介绍适用于任何肤色的棕色烟熏妆。妆容自然,化法简单,一起来尝试一下吧!

cheek & lip

杏色或珊瑚色等暖色系腮红
桃红色唇彩

make-up item

A 带有微微珠光效果的乳白色眼影 KATE — Glam Trick Eyes BR 2
B 珠光感自然的棕色眼影 KATE — Glam Trick Eyes BR 2
C 带有微微珠光效果的深棕色眼影 M.A.C — Twinks
眼线 Dior — Crayon Eyeliner Waterproof 594 Intense Brown
睫毛膏 Maybelline — Volume Express Turbo Boost Waterproof Mascara
唇膏 Lunasol — Full Glamour Gloss 09 Shining Beige

Semi Brown

把A涂在整个上眼睑部分，大范围地均匀晕染开。

在线所标出的范围内涂抹B，范围约为上眼睑的一半，超出双眼皮线1cm左右。

从外眼角到眼睑的中部涂抹C。然后在线所标出的范围内呈弯月形再次涂抹C，注意不超过眉骨。

用眼影棒只蘸一次C，然后沿着从眼尾到内眼角的方向涂抹，颜色要深一点。注意，不要一直画到内眼角，画到下眼睑中部停止即可。

用棕色眼线笔画出基本的眼线。

画出7mm左右的眼尾，这样会让你看起来更成熟，眼睛看起来更深邃。

轻压上眼睑，填满上眼睑间隙处。

用眼线笔重复第4步，与之前画好的眼影融合在一起，但要避开黏膜处。

夹卷睫毛，涂抹睫毛膏。

第8步的小贴士 想让下眼线淡一点的话，就用尖头的眼影棒或棉签把眼线轻轻地横向晕开即可。

135

挖掘出深藏的性感

魔法粉色妆

因为颜色漂亮就买下了，但是化妆时却很少去碰粉色眼影。

一直在化妆台上放着，最后直接扔进垃圾桶里的眼影，不止一两个吧？

想给男朋友意外的惊喜吗？

那就把粉色的眼影拿出来吧。

用粉色点缀一下，就可以挖掘出你一直深藏不露的性感哦！这可绝对是个超强武器！

秋天气息浓郁的可可色，再点缀上粉色！

究竟会有什么效果呢？

cheek & lip

珠光粉色腮红
淡淡的草莓牛奶色唇膏

make-up item

A 米色眼影 Baviphat — Bavi Girls One Color Eye Shadow 6 Orange Beige

B 略显灰色的褐色眼影 Etude House — Petite Darling Eyes BR304 Coco Brown

C 粉色眼影 M.A.C — Pink Venus

眼线笔 Banila Co — Style Eye Liner Pencil Chocolate Brown

睫毛膏 Estee Lauder — Sumptuous Bold Volume Mascara

唇膏 M.A.C — Angel

腮红 Benefit — Sugarbomb

Cocoa Berry

在线所标出的范围内涂抹A。

把B涂在上眼睑一半的部位。

用薄的刷子蘸取B，涂抹整个下眼睑，粗细约为5mm。

在线所标出的范围内横向涂抹C。在双眼皮线以上的部分，颜色要越来越浅。

睁开眼睛，在眼尾处呈C字形涂抹。

用棕色眼线笔画出一条微微下垂的眼尾。这种妆容不适合上翘的眼尾。

轻压上眼睑，仔细填满上眼睑空隙。

用眼线笔描绘下眼线。为了让眼睛看起来更清爽，不要填满。

用B涂抹先前画好的下眼睑，让两种眼影自然地融合在一起。

夹卷睫毛后用睫毛膏来完成整个眼妆。

第8步的小贴士　像做鬼脸的时候那样，用手轻轻拉住下眼睑后，再用削尖的眼线笔立起来描画。这样画出的眼线会很整洁哦。

名画里贵族小姐的古典妆容

梦幻紫罗兰

要想化出古香古色的经典妆容，就要做到既有夸张又有节制。Viola妆容绝对满足上述要求，它既不过分，又充分展现眼睛的细长和甜美。眉毛画得厚一些，再配合玫瑰色系的腮红和唇膏，这样就能更好地突显古典的感觉了。

Viola

cheek & lip

带珠光的粉色腮红
淡淡的草莓牛奶色唇彩

make-up item

A 珠光感米色眼影 The Body Shop — Shimmer Cubes Palette 19
B 黑色眼影 KATE — Glam Trick Eyes BR 2
眼线膏 M.A.C — Fluidline Blitz & Glitz
睫毛膏 Dior — Diorshow Extase 090 Black Extase
唇膏 M.A.C — Lipgelee Moistly
腮红 Bobbi Brown — Pot Rouge 21 Cabo Coral

用眼影刷在整个眼睑部分涂抹A。颜色过深会略显浮肿，所以一定要淡淡地涂。

在整个下眼睑处涂抹A约5mm，反复1~2次。

用眼线膏、极细液体眼线笔或眼线液来画眼线，这样才能画出古典的感觉。

睁开眼睛，顺着下眼线延长的方向，向上画出自然的眼尾。粗细在2mm左右，长度在1cm左右。

在上眼睑涂抹B，淡淡地反复1~2次。覆盖眼线的一半，分界线要处理得自然一些。洋溢着贵族气质的女生，一闭眼，却露出粗达1cm的眼线，那是绝对不行的！

夹卷睫毛后用睫毛膏来完成眼妆。

第4步的小贴士 想画出精巧的眼线就用极细眼线笔或眼线液吧。

模仿韩剧中眼含泪光清纯可怜的女主人公

醇香奶茶

Milk tea

纯真的眼神能激起男生的保护本能哦。

棕色的眼影不仅具有奶茶般丝滑的感觉，它还蕴藏着能够画出又圆又纯真的眼睛的秘密。

在此基础上，再画出闪亮的泪眼效果，就可以成为浪漫爱情剧中楚楚可怜的女主人公了。

什么都不用多说，就会有人走过来，把你揽入怀抱了。

cheek & lip

不含珠光的粉色腮红
珠光感强的透明唇彩

make-up item

A 带有微微珠光效果的乳白色眼影 KATE — Glam Trick Eyes BR 2

B 带有微微珠光效果的棕色眼影 Bobbi Brown — Shimmer Wash Eye Shadow 22 Copper Sand

闪亮眼线液 Etude House — 水滴光彩眼线液 1号

眼线 M.A.C — Powerpoint Eye Pencil Buried Treasure

睫毛膏 Dior — Diorshow Extase 090 Black Extase

唇彩 Lunasol — Full Glamour Gloss 09 Shining Beige

腮红 Etude House — Lovely Cookie Blush 02 Rose Cookie

在整个上眼睑涂抹A，反复3~4次。

在整个眼睑的下半部涂抹B，睁眼时可见3mm左右即可。反复涂抹3~4次，画出层次感。

用尖头刷蘸取B，涂抹整个下眼睑，反复1~2次。

在线所标出的范围内涂抹B，不要画得过厚。

用黑色眼线笔画眼线，填满睫毛根部之间的空隙。为避免眼妆过浓，不要画下眼线哦。

顺着眼睛的线条自然地向下画出眼尾。

轻压上眼睑，填满睫毛间空隙。

夹卷睫毛后给上下睫毛刷好睫毛膏。就此结束就太可惜了！泪眼汪汪的效果不是还没出来呢么~

在下睫毛的尖部涂抹闪亮眼线液。要稍稍画出结块的效果，这样才能显出泪眼效果嘛！

第一印象满分，见双方父母时的专用文雅妆

天真无邪

结婚前，见双方父母是必不可少的。

在这种重要的场合，端庄文静的形象是最重要的。

这种场合浓妆是绝对的禁忌！

而看似素颜的淡妆会给长辈留下好感。

此时要着重地打造净白的肌肤，而不要过于强调眼妆。

眼影要选择没有珠光的给人以宁静之感的颜色。

画眉时不要突出眉峰，这样会更显端庄。

cheek & lip

不含珠光的杏色腮红
与自己的唇色相近的珊瑚色唇膏

make-up item

A 无珠光感的香草色眼影 M.A.C — Vanilla

B 基本不含珠光的杏色眼影 The Body Shop — 02 Hot Bright Blush

C 带有微微珠光效果的棕色眼影 Bobbi Brown — Shimmer Wash Eye Shadow 22 Copper Sand

眼线 M.A.C — Powerpoint Eye Pencil Buried Treasure

睫毛膏 Dior — Diorshow Extase 090 Black Extase

唇膏 Etude House — Orgel Light Dear Darling Ultra Shine Lips 4 Orange Shine

腮红 Benefit — Dandelion

Innocent

face 让眼底亮起来，让肌肤散发自然光彩

在手背上挤出直径约1cm的粉底液，在脸颊上点3次，然后用粉底液刷均匀涂抹。剩余的粉底液在额头上点3次，鼻子上1次，下颌2次，然后用刷子均匀涂抹。

将液态遮瑕产品分4次点在眼睛下方，用海绵扑轻轻晕开。只要黑眼圈消失，脸色一下子就会提亮10倍。

用固态遮瑕产品遮盖脸部的瑕疵。用刷子蘸取少量，轻轻点上即可。交界处可用手指轻轻拍打晕开。

用粉底刷蘸取蜜粉，在手背上轻轻弹几下，调整好蜜粉的量后，从里向外涂抹。

eye 胜过春香的极致淡雅

  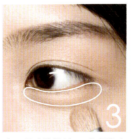 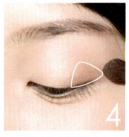

在整个上眼睑部分涂抹A。

在整个上眼睑部分淡淡地涂抹B。也许有人会问："都看不出来，还涂它干吗？"但经过此步骤后眼部的颜色会更加自然。

在下眼睑处涂抹B。此部位在微笑时会散发夺人的魅力，一定要多下点工夫哦！

在画线范围内轻轻涂抹C，反复1~2次。

用黑色眼线笔描绘基本眼线，不要画出眼尾。

轻压上眼睑，将间隙填满。

夹卷睫毛后给上睫毛涂抹睫毛膏，反复2~3次。注意，只涂上睫毛哦！

GAL系制造

GAL系美妆，就是蓬乱的黄色头发，黑黑的妆容，飞边连衣裙？Oh, no！

此gal非彼gal。

皮肤如陶瓷娃娃一般洁白，眼睛也要大两倍！

这一章，我们要向大家介绍的就是隐约散发性感魅力的成熟型GAL系妆的化法。

cheek & lip

色泽鲜明的粉色腮红
水凝唇彩

make-up item

A 珠光感强的乳白色眼影 M.A.C — Retrospeck
淡珠光布朗眼影

B 带有微微珠光效果的棕色眼影 Bobbi Brown — Shimmer Wash Eye Shadow 22 Copper Sand

C 眼线膏 M.A.C — Fluidline Blitz & Glitz

D 极细眼线笔 Kate — Super Sharp Liner BK1

E 无珠光感的白色眼线笔 The Body Shop — 05 Eye Definer Shade White

睫毛膏 Maybelline — Volume Express Turbo Boost Waterproof Mascara

唇膏 M.A.C — Tinted Lipglass Glamour For All

腮红 Benefit — Sugarbomb

假睫毛（上睫毛）Darkness — 假睫毛

假睫毛（下睫毛）Piccasso — Eye Me 38号

Girl make

在线所标出的范围内涂抹A。没有质感和颜色的限制，使用平时作为眼部底妆使用的眼影即可。

在线所标出的范围内涂抹B。

在线所标出的范围内涂抹B，反复3~4次，清晰地勾勒出眼睛的形状。

用C描绘基本的眼线，先不要画出眼尾。

沿着箭头所指的方向，画出一条1cm左右的眼尾。

从眼尾到下眼睑中部，沿箭头所指的方向画一条线，要避开黏膜处。到后面我们将在此处粘贴假睫毛。

为营造出猫眼效果，用D画出开内眼角效果（参照P57）。

从内眼角到下眼睑的中部，画出一条水平的眼线。然后将睫毛间隙填满。

用E填满线所标出的范围。为制造出白眼珠的假象，此处要选用无珠光感的纯白色眼线笔。

用睫毛夹夹卷睫毛后，在距离内眼角8mm左右的位置粘贴假睫毛。

要使用防水睫毛膏，让真假睫毛自然地混在一起。

沿着第6步中画好的眼线，贴上剪好的假睫毛，沿着下眼线的弧度垂直粘贴即可。

适合任何人的紫色妆容

熏衣草

Lavender

我酷爱紫色，从小饰品到身上的衣服统统都是紫色。但让我伤心的是紫色更适合雪白肌肤的人。

我在穿碎花连衣裙的时候，依然特别青睐挑剔的紫色。

为了让绚丽、女性化的紫色从此不再受肤色限制，能够自由散发魅力的这一历史瞬间，我准备了此章节的内容。

cheek & lip

含珠光的粉色腮红
红色系唇彩

make-up item

A 基本无珠光感的香草色眼影 M.A.
— Vanilla
B 带有微微珠光效果的淡粉色眼影
NYX — Pigment LP11
C 眼线笔 Chanel — Le Crayon Yeux 5
D 带有微微珠光效果的浅紫色眼影
M.A.C — Beautiful Iris
睫毛膏 Dior — Diorshow Extase 09
Black Extase
唇彩 Lancôme — Juicy Tubes 17 Fraise
腮红 Benefit — Sugarbomb

146

你听过"喜欢紫色的人都是有心理问题的~"这句话么？
我想大概是因为适合紫色系的人太少了，大家羡慕嫉妒恨，才说出这话的吧。
而且以前紫色可是仅限于王族使用的高贵颜色哦。
紫色眼影随着使用的方法不同，可让你变成清纯的少女，也可让你变成有着致命魅力的尤物。
下面让我们一起来征服既神秘又诱惑的紫色妆容吧。

在线所标出的范围内涂抹A，反复3~4次。这一步是起到提亮效果的眼部底妆。

在线所标出的范围内淡淡地涂抹B。单涂紫色可能会显得有些愣，所以我们准备了它的伙伴——粉色。

在下眼睑的画线范围内涂抹B。这一步的主要作用是突显下眼睑，所以淡淡地涂抹1~2次。

用C画眼线，仔细填满睫毛间的空隙。然后画出5mm左右的眼尾。为了给人以柔和的感觉，一定不要使用黑色眼线笔。

用C填满整个下眼睑，在外眼角约7mm的位置沿着黏膜的外侧加深颜色。

在上眼睑的画线范围内涂抹D，来淡化之前画好的眼线。此时要注意的是，涂抹范围要比涂B时候的范围小，要留出一部分粉色。

夹卷睫毛后精心用睫毛膏涂抹上下睫毛。

第2步的小贴士 化这种妆的时候，不适合用偏红和深粉色系的产品。

让他主动联系你的魔力妆容

神奇的紫色

紫色是由蓝色和红色混合而成的中性的、神秘的颜色。

去酒吧时，你总是只跟在朋友的后面打转吗？现在就改变吧！

用紫色和藏青色来演绎神秘又深邃的眼睛。

只要对视一次，酒吧里的所有美男都会想要你的电话号码哦。

cheek & lip

不含珠光的粉色腮红
含有珠光的粉色唇膏

make-up item

A 珍珠色珠光眼影 NYX — Pigme
LP02
B 浅紫色眼影 M.A.C — Beautiful Iris
C 藏青色眼影 Castle Dew — Pearl U
Eyes 9450 Dark Blue Setting
D 闪烁眼影 KATE — Glam Trick Ey
BR 2
眼线膏 M.A.C — Fluidline Blitz & Glit
睫毛膏 Maybelline — Volume Expre
Turbo Boost Waterproof Mascara
唇膏 Estee Lauder — Pure Color Lon
Lasting Lipstick 161 Pink Parfait
腮红 SEP — Noble Party Kit

Magical Purple

在线所标出的范围内轻轻涂抹A。也可选择带有微微珠光感的亮粉色眼影。

在画线的范围内涂抹B。

在下眼睑画线的范围内涂抹B，轻轻扫上1~2次。

在线所标出的范围内涂抹C。

在下眼睑尾部的画线范围内涂抹C。为防止眼影粉进入眼睛，涂的时候要避开黏膜处。

在下眼睑前部的画线范围内涂抹D，闪闪的珠光就像马上要掉落下来的泪珠。

用黑色眼线膏画出基本的眼线。

轻压上眼睑，填满上睫毛空隙处。

下眼睑勾勒眼线时避开黏膜处。但是黑眼仁较小的亲们要填满睫毛间隙，这样感觉会更加自然。

夹卷睫毛后用睫毛膏来完成眼妆。下睫毛也要涂抹睫毛膏哦。神秘又深邃的双眼就这样画好了!

第4步的小贴士 在涂抹双眼皮时要重一点，然后越往下越轻，这样就不会产生明显的分界啦。

聚会与休假的季节

备受瞩目的
冬季雪之精灵

冬天，刺骨的寒风与干燥的天气会给皮肤带来很多烦恼。

化妆可以将所有困扰肌肤的问题一次统统解决。

每当这个时候人们都会想起热气腾腾的豆包，

那么选择让人看起来很温暖的暖色系眼影怎么样呢？

红晕一到冬天就会自己找上门来。

你还在因此担心年末的各种聚会么？

化妆品可以遮盖一切哦！

与我一起走过春夏秋的各位亲们，我说得没错吧？

CHAPTER 6

让眼睛变得细长美俏的魅力妆容

狂野魅力

都说美人两眼之间的距离与两眉之间的距离都是固定的。但是当你坐到镜子前面，总会不由得喊出"管他什么美女的条件，让它见鬼去吧"。可是过后，残酷的现实又会像海啸一般席卷而来。我为大家准备了魔法般的妆容。化上这样性感狂野的妆容出门，一定会有很多人自愿为你拎包的。

cheek & lip

浅粉色腮红
珠光粉色唇彩

make-up item

A 白色珠光眼影 M.A.C — Pearl Matte Eye Shadow

B 深棕色眼影 Toda Cosa — Mono Eye Color 30

C 黑色眼影 KATE — Glam Trick Eyes BR 2

D 眼线膏 M.A.C — Fluidline Blitz & Glitz
睫毛膏 Missha — The Style 3D Mascara
唇彩 M.A.C — Viva Glam V1 Special Edition
腮红 Benefit — Dandelion

Cheeky Bossy

在图中画线的范围内涂上A。这一步是为了让眼妆更显色，把眼睑做出画纸的效果。

用尖头刷在图中画线的区域内深深地涂一层B。要使用无珠光感的产品，这样才会有清爽的感觉。

画出眼尾，距离眼角1cm左右就最漂亮了。

用尖头刷在图中画线的区域内涂B。与之前用眼影画好的眼尾连接在一起，衔接部分要画得尖尖的！

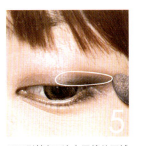

用眼影棒把C涂在画线的区域内，反复涂抹2~3次，让B与C融合在一起。

用D画眼线，填满睫毛间的空隙。黑色眼线笔画出的眼睛有一种精练、强烈的感觉。

朝着眉尾的方向画出一条长长的眼尾。

从眼尾向眼睑中部画一条1mm粗的眼线。下眼线画得过浓会显得像舞台妆，所以一定要画得细一点。

把眼尾的空白处填满。

把下眼睑睫毛间的空隙涂满后，用睫毛膏来完成整个眼妆。

第8步的小贴士 为了让眼妆更加自然，画的时候要立起刷子，从后向前，再从前向后来回地描画。

温柔甜美的冬季少女妆

柔软松饼

今天，我们要化的是棕色日妆。

淡淡的眼线，可以给人温柔的感觉。

空出下眼睑睫毛根部，用棕色的眼影来画眼线，同样可以画出又大又亮的眼睛。而且即使到了下午也不会变成熊猫眼哦。

啊，对了！用棕色眼影画眼尾时，要向上翘一点。画得太自然不就没意思了嘛~！

cheek & lip

浅粉色腮红
珊瑚色唇彩

make-up item

A 浅棕色眼影 KATE — Glam Trick Eyes BR 2
B 棕色眼影 M.A.C — Twinks
C 乳白色眼影 KATE — Glam Trick Eyes BR 2
D 黑色眼影 KATE — Glam Trick Eyes BR 2
眼线笔 Kate — Super Sharp Liner BK1
睫毛膏 Dior — Diorshow Extase 090 Black Extase
唇彩 Make Up For Ever — Glossy Full Couleur 10 Powdery Coral
腮红 Benefit — Dandelion

Soft Muffin

把A涂于整个上眼睑，轻扫1~2次即可。

在眼窝处画线的区域内涂抹B。涂的时候要立起眼影刷，画出一个彩虹的形状，反复涂抹3次左右。

用毛刷蘸取B来画眼线。朝着眉尾的方向画出眼尾，长度在7mm左右即可。

在内眼角画线的区域内涂上C。

用眼影棒蘸取D，涂在画线的区域内。涂的时候，将眼影棒微微立起，避开黏膜，涂1~2次。

用黑色眼线笔在睫毛根部画好眼线，不要留有空白。

夹好睫毛后用睫毛膏来完成眼妆。

第2步的小贴士 眼窝的位置：微微闭眼，用手按一按上眼睑，凹陷下去的部位就是眼窝了。

雪之精灵

如果我是个西方人，圣诞的时候一定会用红色和绿色化个彩妆，然后度过一个热情洋溢的圣诞节。

但是对于东方人来说，红色和绿色的眼妆实在是很难被接受。

为了迎接今年的白色圣诞，在这一章，我为大家准备了雪之女王的眼妆。

在平时看来可能有点夸张，但是一年仅一次的圣诞，又怎么能平凡地去度过呢？

cheek & lip

可以中和冷色系眼妆的珠光橙色腮红
珠光感强的透明唇彩

make-up item

A 带有微微珠光效果的白色眼影 Clio — Art Shadow 402 Forte Gray

B 带有微微珠光效果的银色眼影 Clio — Art Shadow 402 Forte Gray

C 带有微微珠光效果的蓝色眼影 Bourjois — Smoky Eyes Trio 07 Blue Rock

黑色眼影 Clio — Art Shadow 402

D 白色眼线笔 The Body Shop — 05 Eye Definer Shade

眼线 M.A.C — Powerpoint Eye Pencil Buried Treasure

唇彩 Lunasol — Full Glamour Gloss 09 Shining Beige

腮红 Banila Co — Face Love Blusher 02 Love Letter

Snow Pixie

在上眼睑画线范围内淡淡地涂抹A。

在扇形的区域内涂抹B。在画好A的基础上做出明暗对比的效果，反复涂抹2~3次。

用眼影棒蘸取C，涂抹在画线的区域内。

用D把下眼睑填满。

用D画内眼角，把上眼线与下眼线的头部尖尖地连接起来。注意，在画下眼线时，长度不要超过1cm。

用眼影棒蘸取E，涂在画线的区域内。淡淡地涂1~2次。

用黑色眼线笔画出基本的眼线。

画眼尾时要睁开眼睛，让眼尾保持水平，长度控制在6mm左右。

轻轻按住上眼睑，把睫毛间隙涂满。下眼睑睫毛间隙画得白白的，上眼睑的部分再空着，岂不是很可怕？

夹好睫毛后用睫毛膏来完成眼妆。

第4步的小贴士 在微微泛红的睫毛间隙画上白色眼线，会给人一种很清爽的感觉哦。

比白雪更耀眼的玲珑妆

白雪公主

在滑雪场可不能只防范从头顶上射下来的紫外线哦。

洁白的积雪就像反光板一样，同样会把紫外线反射到脸上。

紫外线和凛冽的寒风会从四面八方直逼而来，保湿霜和防晒霜是一定要涂好的。

长时间呆在寒冷的室外，冻得通红的脸颊并不魅人哦。试试绿色隔离霜吧。它可以让你的脸颊不那么红，并且散发出自然光彩。

cheek & lip

用珠光感橙色腮红化出娇艳有活力的脸颊
属暖色系的橙色唇膏

make-up item

A 珠光感强的白色眼影 Clio — Art Shadow 402 Forte Gray

B 带有微微珠光效果的天蓝色眼影 M.A.C — Brill

C 眼线膏 M.A.C — Fluidline Blitz & Glitz

闪亮眼线液 Etude House — 水滴光彩眼线液1号

睫毛膏 Dior — Diorshow Extase 090 Black Extase

唇膏 Etude House — Orgel Light Dear Darling Ultra Shine Lips 4 Orange Shine

腮红 Banila Co — Face Love Blusher 02 Love Letter

Snow Cover

face 不要因为是冬天就忽视了它

在手背上挤出直径约为1cm的防晒霜，然后均匀地涂抹于整个脸部。然后用手轻轻拍打，直至完全吸收。吸收完全后，再以同样的方法涂一次。

在手背上挤出直径约为1cm的绿色隔离霜，用食指蘸取，在两颊上点3次，额头上3次，鼻子上1次，下颌上3次。然后用粉底液刷从内向外均匀地快速晕开。

用粉扑蘸取少量粉底，轻轻地拍在滑雪镜边缘的位置上。因为怕留下印迹，即使很闷也只能一直戴着的滑雪镜，现在可以自由地摘下来了。

eye 与雪地很相配的闪亮的双眼

在上眼睑画线范围内淡淡地涂抹A。涂2~3次，微微地显出颜色即可。

用尖头刷在画线区域内涂抹B，3~4次。此时要避开黏膜涂抹。

用B在内眼角处以C字形涂抹。

用C画眼线。然后画出一条水平的眼尾，长度为5mm左右。

沿着睫毛根部，从眼尾到眼睑中部用C画出下眼线。注意，要避开眼睑。

把眼尾部分涂好，粗细大约在2mm左右。

夹好睫毛后用睫毛膏涂抹上下睫毛。但是还没结束哦！

像涂睫毛膏一样，把闪亮眼线液的刷子放平，涂抹睫毛尖3mm的部位。闪亮的眼睛，神秘的感觉，就这样完成了。

将难看的证件照片变成明星海报

上镜美人

证件照、毕业照的巨大屈辱，是谁都无法避免的。

这个黑暗的世界，只有碰上好心的摄影大叔，才会帮你把照片P一下。

让五官更分明的修容和高光反而搞起了破坏，让眼睛变大的眼妆在灯光下反而变得扭曲。常常是精心化好妆后照的照片，还不如不化妆时照得好看！

这时啊，就要用与肤色相近的粉底液来化底妆，然后再涂上浅粉色的腮红。这样肤色就会显得更有活力啦。

让我们一起来和流传三代的屈辱照片说再见，让靓丽的证件照成为值得永久珍藏的家宝吧。

cheek & lip

浅粉色腮红
比自己嘴唇深一色的唇膏

make-up item

A 无珠光感的香草色眼影 M.A.C — Vanilla
B 带有微微珠光效果的橙色眼影 Missha — The Style Silky Shadow Duo 15 Orange Olive
C 眼线 M.A.C — Powerpoint Eye Pencil Buried Treasure
睫毛膏 Dior — Diorshow Extase 090 Black Extase
唇膏 Etude House — Apricot Stick 04
腮红 Benefit — Dandelion

Photogenic

face 在相机前也能充满自信的高光秘籍

在画线范围内，沿着从外眼角到嘴角的方向上高光，轻轻涂抹2~4次。

顺着皮肤的纹理，用手指或海绵扑轻轻地晕开。如果你使用的是粉状产品可以直接跳过此步骤。

以一定的间隔把高光产品点在T形区内。

用海绵扑或手指轻轻晕开。这样就完成了。

eye 清晰的眼部轮廓

在上眼睑画线范围内涂抹A。

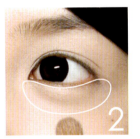

在下眼睑的画线区域内涂抹A，2~3次。涂抹在发暗的部位即可。

用B涂抹上眼睑的一半，反复2~3次。

用B在画线区域内涂抹整个下眼睑。

用C画眼线。画出5mm左右的水平眼尾。

轻轻按住上眼睑，把睫毛间隙部分填满。

把下眼睑睫毛间隙填满。注意要画得淡一点。

夹好睫毛后用睫毛膏涂抹上下睫毛。

第1步的小贴士 眼眶处的皮肤很薄，所以血管会比较明显。因此在化眼妆之前要薄薄地涂一层较亮的乳白色眼影，调整一下脸色。

術后消肿效果满分的眼妆

瞬间消肿

Swell Calm

要想让双眼皮手术不留痕迹，化妆就是给力的方法了。

为了遮住术后的疤痕，很多亲们都化起浓浓的眼妆。但这只会欲盖弥彰哦。

这种时候，不要用会突显曲线的珠光眼影，要选用微弱珠光感或不含珠光的眼影。另外，如果你想让术后的眼睛看起来不那么浮肿，可以试试加强睫毛的妆法。这可要比画浓浓的眼线有效得多哦！

让浮肿消失得再自然一些吧！

cheek & lip

浅粉色腮红
能让嘴唇看起来薄一些的裸色唇膏

make-up item

A 几乎不含珠光的香草色眼影 M.A.C — Vanilla

B 几乎不含珠光的米色眼影 The Body Shop — 02 Hot Bright Blush

C 冷色系灰绿色眼影 Bobbi Brown — Metallic Eye Shadow 4 Sage

睫毛膏 Dior — Diorshow Extase 090 Black Extase

唇膏 Etude House — Apricot Stick 04

腮红 Benefit — Dandelion

eye base 把红肿现象处理得更自然

如图，用棉签把绿色隔离霜点在眼睑上。要涂得少一点，这样才不会都凝在双眼皮的褶皱处。

用海绵扑轻轻拍打晕开。术后的皮肤很敏感，所以绝对不能用力，也不能横向涂抹。

用粉扑在整个眼睑部分轻轻地拍上粉底，来固定一下底妆。

eye 化出甚至能够骗过老妈眼睛的妆容

在上眼睑画线范围内涂抹A。为遮盖红肿做铺垫。

在画线范围内用B涂抹上眼睑的一半。

在下眼睑的画线区域内涂抹B，2~3次。

在画线区域内涂抹C。

画眼线并填满睫毛间隙。画出5mm左右的水平眼尾。

轻轻按住上眼睑，把睫毛间隙填满。

夹好睫毛后用睫毛膏涂抹上下睫毛。

第4步的小贴士 试试用偏灰色或偏绿色的冷棕色系眼影来遮盖术后红肿的眼睛吧。冷色系可以制造出缩小眼睛的视觉效果哦。

第6步的小贴士 刚做完手术，双眼皮会鼓得圆圆的。此时，上眼睑睫毛间的空隙会更明显。所以一定要仔细地填满哦。下眼线省略不画就好。

不输给任何名媛的高贵猫眼妆

金色猫咪

我在以同性朋友的时候，比较喜欢化夸张一点的妆容。女人之间，一定少不了妆容和衣着的对比。这可是我们的自尊心啊！大家一起拍的照片也必须要传到小窝上。甚至连在洗手间补妆的时候，气势也不能输给旁边的女生。

如果说头发是参孙力量的源泉，那么眼线就是我的精神支柱啦。

那么，现在就让我们一起画出猫咪般的魅力眼尾吧。

高高翘着尾巴的猫咪，仿佛在说："我可是很高贵的哦~"

cheek & lip

让脸色看起来健康红润的棕色修容膏
橙色唇膏

make-up item

A 黄金色眼影 M.A.C — Goldmine
B 深棕色眼影 NARS — Duo Shadow India Song
C 乳白色眼影 NARS — Duo Shadow India Song
眼线膏 M.A.C — Fluidline Blitz & Glitz
白色眼线笔 The Body Shop — 05 Eye Definer Shade
睫毛膏 Maybelline — Mag Num Volum' Express Waterproof Mascara
唇膏 Etude House — Orgel Light Dear Darling Ultra Shine Lips 4 Orange Shine
腮红 NARS — Multiple Mustique

Golden cat

在上眼睑画线范围内涂抹A。为了让眼影更服帖,画的时候要放平眼影刷,从眼睑中部向两侧轻轻地横向涂抹。直到颜色明显为止。

用黑色眼线膏画眼线,眼尾要画得稍稍粗一点。

沿着下眼线尾部向上延长的方向,画出一条自然的眼尾,长度在9mm左右。

微微闭眼,把眼尾与眼线中间部分自然地连接起来。

把画出的眼尾部分仔细地涂满。

把下眼睑睫毛间隙涂满,眼线越往后要越粗,最后要与眼尾自然地连接起来。

用眼影棒蘸取B,涂在画线的区域内,来强调眼尾。注意不要画到眼线外面去。双眼皮线和眼尾处要涂得重一些,越接近眉骨颜色越要淡。同样,越接近眼睑中间部分颜色也越要淡。

用眼影棒蘸取B,涂在画线的区域内。

在眉骨处画线区域内涂抹C。

用白色眼线笔画内眼角,以C字形涂抹,眼角处要画得尖一点。

夹好睫毛后涂抹睫毛膏。

洁面的方法不对，会引起眼角的皱纹——
正确的卸妆方法

"卸妆要比化妆更重要哦！"这样的广告词，我想你听得耳朵都起茧子了吧。但这绝对是真理，所以千万不能疏忽哦！不正确的洁面方式会让毛孔堵塞，引起粉刺等皮肤问题，而且还会增加眼角的细纹呢。连素颜时更加严重的黑眼圈也有可能是不正确的洁面方式造成的。最近，"通过洁面打造童颜美人和皮肤美人"的说法如此盛行，咱首先要打好基本功才行啊，不是么？

形成习惯后会成为皮肤补品的基本洁面法，跟我一起学习吧。

用柔软的化妆棉表面蘸取眼唇卸妆油。注意，不要流到外面去哦。

为了让表面活性剂更好地渗透肌肤，把化妆棉按在眼睛上30秒左右，不要动。要是等睫毛膏都化开了，可能就会伤害皮肤了，所以只要30秒！

用刚才那块化妆棉干净的部分沿着箭头的方向，轻轻地擦拭下眼线。不用完全擦掉，所以不要过于用力。

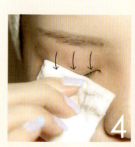

沿着箭头的方向，由上到下轻轻擦拭上眼睑。

拇指、食指和中指做出捏着的形状，包住睫毛后，轻轻把化妆棉向外拉，把睫毛膏擦掉。

用干净的棉签蘸取卸妆油，沿着箭头的方向轻轻地涂抹在睫毛根部和下眼线处。

用蘸满卸妆油的化妆棉轻轻地按住唇部，大概10秒。然后把化妆棉折叠两次，用干净的地方擦掉剩余的唇妆。沿着唇纹的方向纵向擦拭，可以卸得更干净。

在手中取出适量的卸妆油。如果直接用泡沫洁面乳清洗的话，就无法起到保养皮肤的作用了。所以即使有点麻烦，这一步也一定要做好啊！

把卸妆油分别涂抹在脸颊、额头、鼻梁、下颌部分，沿箭头方向涂抹。眼部要最后再涂。

涂抹唇部的时候，要沿着唇纹的方向，纵向仔细地涂抹。

沿着粉红色的箭头涂抹好眼部周围的地方，包括眉毛在内，按照逆时针的方向均匀地涂抹！然后沿着蓝色的箭头涂抹，横向20次，纵向20次。

用水清洗脸上的卸妆油。然后不要擦干脸，直接进行下一步。

在脸颊、额头、下颌处轻揉泡沫洁面乳。重复第11~13步的内容。

用手指肚按住两侧鼻翼，轻轻地揉上40次。只能多不能少哦！鼻子周围的毛孔比较粗大，要每天这样清洗哦。

发际线，还有脸的外廓也要认真涂抹。最后用温水清洗干净。整个洁面过程就结束了！

洗好脸后，还要尽快用蘸取了化妆水的化妆棉轻拍脸部。